中央高校基本科研业务费专项资金项目(NR2019022)

江苏省社会科学基金项目(15YSC011)

基于数字虚拟技术的
江苏古建筑保护研究

汪浩文　著

东南大学出版社

SOUTHEAST UNIVERSITY PRESS

·南京·

内容提要

本书从江苏省古建筑的发展历程与社会功能展开探讨，揭示古建筑在当下生存方面所面临的各种不利因素。根据客观情况，着重分析如何通过数字虚拟技术针对古建筑的修缮、复原、开发等各个层面积极发挥优势作用。通过数字虚拟技术中的三维扫描、几何建模、仿真渲染、三维打印、虚拟现实等多类新兴技术的介入，围绕江苏各地一些较为知名的古建筑场景系统性地展开深入研究，探索古建筑场景在数据采集、造型塑造、质感表现、实物成型及沉浸交互等各个方面的关键应用方法。倡导建立一套高效、科学且适用于当代古建筑数字化保护领域的应用方法论及学术理论框架，为古建筑的数字化保存、数字化监管、数字化展示及数字化体验提供必要的技术保障与理论支撑，从而有效促进江苏省古建筑保护事业能够以顺应时代的方式长足发展。

图书在版编目(CIP)数据

基于数字虚拟技术的江苏古建筑保护研究 / 汪浩文
著. —南京：东南大学出版社，2020.11
　ISBN 978-7-5641-9246-4

　Ⅰ. ①基…　Ⅱ. ①汪…　Ⅲ. ①数学技术－应用－古
建筑－保护－研究－江苏　Ⅳ. ①TU-87

中国版本图书馆 CIP 数据核字(2020)第 238868 号

基于数字虚拟技术的江苏古建筑保护研究

著　　者	汪浩文
出版发行	东南大学出版社
社　　址	南京市四牌楼 2 号　　邮编：210096
出 版 人	江建中
网　　址	http://www.seupress.com
电子邮箱	press@seupress.com
经　　销	全国各地新华书店
印　　刷	广东虎彩云印刷有限公司
开　　本	700 mm×1000 mm　1/16
印　　张	9.5
字　　数	180 千字
版　　次	2020 年 11 月第 1 版
印　　次	2020 年 11 月第 1 次印刷
书　　号	ISBN 978-7-5641-9246-4
定　　价	48.00 元

本社图书若有印装质量问题，请直接与营销部联系。电话(传真)：025-83791830

序

古建筑是中国古代建筑技术与艺术的结晶,也是中国古代乃至近代政治、经济和社会活动的载体,更是全方位展现华夏五千年文化遗产的重要标志,具有价值高、分布广、代表性强、类型丰富等特点。江苏作为古代文明的重要发祥地之一,拥有金陵、苏南、苏北、沿海等多元文化。长久以来,江苏境内物阜民丰的富庶繁华与深厚悠久、兼容并蓄的文化长期交融,共同塑造出数量众多、风格鲜明的古建筑群体,并持续影响着周边地区的古建筑流派,形成了一系列极具代表性的建筑作品。

随着城市化进程的加快,江苏的古建筑受到了一定程度的冲击与破坏。为此,积极开展古建筑群体和文化的保护,最大限度地保留历史文化的记忆与根脉变得日益重要。随着科技的发展,数字化手段在这一方面将会发挥越来越重要的作用,运用现代高科技手段对历史文化遗迹包括古建筑进行修复与重建在实践中也得到了越来越多的运用。由此,对于这一运用的探索与反思也就显得更为必要。

本书针对江苏境内一些知名的建筑作品展开了深入的研究,细致梳理了江苏古建筑发展的主要历程,并按照古建筑的社会功能进行分类与阐释,系统性地归纳了古建筑的营造方法、工艺手段及面临的各种生存危机。通过挑选其中典型的建筑案例,结合数字虚拟技术中的三维扫描、几何建模、仿真渲染、三维打印、虚拟现实等多种数字化手段,积极探索古建筑在数据采集、造型塑造、质感表现、实物成型及沉浸交互方面的关键应用方法,对江苏古建筑保护的数字化路径探索进行了非常有益的尝试,并提供了一定的技术保障与理论支撑。

本书作者汪浩文既是我的博士研究生,也是我在南京航空航天大学艺术学院工作期间的同事。多年来,他一直潜心于中国传统文化遗产保护的数字化研究与实践,在学术探索的道路上勤奋而踏实,同时也在理论研究与社会服务方面取得了很好的成绩。此次他的新书付梓,我由衷为他感到高兴,这本新书是他作为一名青年学者对于古建筑的数字化保护方面最新的思考与感悟。通读全书,能够感受到浩文对于数字虚拟技术与江苏古建筑文化全面、深入的掌握及深沉的热爱,同时这两者的结合也是在数字技术飞速发展的时代中对中国传统文化保护的再思考与再出发。我认为该书对于从事古建筑文化研究与实践领域的政、产、学界人士来说是一本有益的参考书目。

　　是为序。

张和捷[*]

2020 年 2 月

　　[*] 张捷,1976 年生,研究员,博士生导师。现任南京艺术学院党委常委、副院长。主要研究方向为人力资源管理、文化创意产业管理。先后入选江苏省第四、五期"333 高层次人才培养工程"中青年科学技术带头人。兼任江苏省文化产业学会副会长、江苏省人力资源管理学会理事、南京航空航天大学经济与管理学院博士生导师、东南大学艺术学院兼职教授。

目　　录

1 江苏古建筑的现状

1.1 古建筑的发展历程

　　人类建造建筑的最初原因仅是为了能够遮风避雨、防寒御暑、抵御猛兽。但是,随着社会的不断进步,建筑的发展历程也变得更加丰富多彩[1-3]。比如材料的更新、施工的进步、审美的变化、经济条件的改善、阶级差异的形成等客观因素都交织在一起,共同影响并促进着建筑在形态、布局、功能、营造方式、装饰语言等若干层面进行不断地演变。

　　公元前 6000 年至夏朝以前,江苏先民常将洞窟或岩穴作为日常栖身的场所。直到夏朝至先秦时期,以江南为代表的民居、聚落的建筑雏形开始大量出现(如图 1-1)。据史料记载,基于长江地区的多水特点,当时的建筑多为干栏样式。近半个世纪以来,通过大量地对遗址中房屋残迹的考古发掘,能够了解到当时的民居多为木质结构,且建筑下部均为架空的干栏样式,建筑的整体平面形状为矩形,坐落朝向以南北向居多;也有少量的建筑平面形状为圆形,立面为锥状样式。室内地面普遍采用夯打或烧制砂粒的施工方法,而屋顶则以芦苇及草束的构成为主,并有一定防潮、排

图 1-1　远古时期的藤花落古城

水的处理措施[4-5]。此外,从周边地区很多时期接近的文化遗址中的木构部件上发现的各类榫卯痕迹来看,可以判断出当时的先民已经初步掌握了一定的榫卯制作经验与方法。

从夏朝开始,中国的古代君王既掌握着君权,也掌握着神权。祭祀活动在国家的日常生活中占据了非常重要的地位。同时,社会阶级的划分也日益凸显。为了更好地满足这些需求,以象征君权或神权为代表的建筑风格率先发生了变化,夏、商时期仅比普通民居稍大一点的房屋,到周时期就演变成为大型宫殿和庙宇。建筑在尺度、体量、规模、装饰内容上产生了巨大的奢简差异。此后,随着社会经济实力的发展,中心聚落的地位迅速提高,许多地方为

图1-2 春秋时期的古淹城

了扩充军队,加强战备部署,开始实行"立城郭,设守备,实仓廪,治兵库"的发展策略,并逐步形成以政治、文化、经济为中心的多元化建设地带(如图1-2),使后世"城市"的概念也随着建筑的发展而逐渐变得清晰起来。

到了秦朝时期,秦始皇统一全国,大力改革政治、经济、文化,统一文字、度量衡以及交通系统。另外,秦始皇又集中全国的人力、物力及六国技术成就等,在全国各地修筑都城、宫殿、陵墓等。同时,他颁布了工官制度,系统制定了各类建筑营造及实施过程中的管理规则,对中国古代建筑的发展有着非常重要的影响。这也体现了秦朝的建筑是中国建筑文化高度发展阶段的产物,它呈现出的是一种模式化、统一化的趋势。比如都城咸阳及周边的一些宫殿、庙宇等大多为廊院布局,常以门、回廊衬托建筑主体的庄重威严,或以低小的次要房屋、纵横参差的屋顶,以及门窗上的雨塔等,衬托中央的主要部分,使整个组群呈现有主有从,体现出富有变化的建筑轮廓。然而,这一时期的江苏建筑较都城及周边各地而言,大型建筑相对较少,建筑的营造形式仍以民居、村落为主并持续地发展。

汉朝建立后,基本上继承了秦朝的各项律令制度,汉武帝罢黜百家,独尊儒术,儒家思想逐渐成为我国文化思想的主流。而建筑以尊重自然、天人合一为主旨。汉朝以后,建筑最大的特点是民居也开始适当地借鉴宫殿建筑的布局特点,最常用的住宅单位是一种被称为"一堂二内"的住宅形式,其平面为方形,近于田字形状[6],以对称、规则、有主次、前堂后寝的布局特点为主。

同时,由于汉朝的楼居风气盛行,此时的建筑屋顶已有庑殿式、歇山式、悬山式和攒尖式等多种形式。在木构形式方面,当时北方各地的建筑多用抬梁式构架(如图1-3),并利用土墙进行局部承重,使建筑跨度有效提高。而南方建筑则用穿斗式构架(如图1-4),利用斗拱作为建筑挑檐的常用构件,兼以砖石为辅,省料且抗震效果理想。此外,汉朝对官式建筑非常注重色彩的运用,如:宫殿立柱涂成丹色,斗拱、梁架、天花施以彩绘,墙壁则以青紫为主

图1-3　抬梁式构架

图1-4　穿斗式构架

或绘以壁画;官署大院则以黄色为主,地砖雕花和屋顶瓦件等也都因材施色等。

六朝时期到来后,中国虽然迎来了政治上最混乱的阶段,但是在文化发展上所形成的成就非常辉煌。东吴、东晋、宋、齐、梁、陈先后定都今江苏南京,江苏建筑的发展也随之经历了第一个新的高潮阶段。根据史料记载,当

时江苏境内的城市星罗棋布,仅南京及周边地区就有石头城、东府城、西州城、越城、丹阳郡城、新亭城、白下城以及各类县城[7-8]。此外,由于六朝时期广泛吸取印度佛教文化,江苏各地大规模修建佛寺、佛塔等建筑,其布局通常以一座佛殿或佛塔为中心物,并以廊屋环绕,且以中轴对称的方式形成独院。规模较大的寺院也可由多个此类院落共同构成。

公元6世纪末,杨坚称帝并建立了隋朝。不久之后,李唐灭隋,唐朝的建立将中国封建社会的经济文化发展带入全盛时期,也为建筑的发展提供了扎实的物质条件。在这个时期,江苏地区的建筑营造方式也愈趋成熟,工艺技术的迅速发展不仅使建筑施工的规模扩大、规划严整,而且非常强调纵轴方向的陪衬手法。构造方式也不再像过去那样依靠夯土高台外包小空间木建筑的办法来处理,各种构件,特别是斗拱的构件形式及用料都已经规格化,施工效率大幅度提升(如图1-5)。另外,唐朝建立以来,一直非常注重利用砖石筑塔,从目前江苏保留

图1-5 斗拱构件细部

下来的唐塔来看,无论是楼阁式还是密檐式,其构建方式基本上均为砖石材料的构建方式[9]。之后,五代十国时的南唐定都金陵,为包括今天江苏的长江下游地区的经济开发做出了重大贡献。当时割据江南的吴越武肃王重农桑、兴水利,也使两浙之地得到一个较长的稳定发展时期,这都为之后宋朝大江南北的经济繁荣奠定了良好的基础。

北宋建立后,结束了五代十国的分裂局面,为防止藩镇割据发生,宋太祖采取了重文轻武的治国方略。他也非常重视经济、手工业和科学技术方面的人才培养,使宋朝的建筑师、木匠、技工、工程师数量大增,斗拱体系、建筑构造与造型技术也都达到了很高的水平。宋朝刊行的《营造法式》,将工料进行严格限定,这为生产、检测都带来了便利,使不同工种的构件按等级、大小和质量进行预制加工,极大地提高了建筑的质量与建造效率。而江苏建筑的营

造方式在这个时期内也逐渐向系统化与模块化发展,建筑慢慢出现了自由多
变的组合,绽放出成熟的风格并且拥有了更专业的外形。为了增强室内的空
间与采光度,很多宫殿、庙宇、楼阁等建筑采用了减柱法和移柱法,梁柱上硕
大雄厚的斗拱铺作层数增
多,更出现了不规整形的
梁柱铺排形式,跳出了唐
朝梁柱铺排的工整模式。
同时,建筑的屋脊、屋角有
起翘之势(如图1-6),不像
唐朝的浑厚风格,给人一
种轻柔的感觉。宋朝后,
油漆也得到大量使用,这
使建筑的颜色变得突出。

图1-6 屋脊与屋角起翘

窗棂、梁柱与石座的雕刻及彩绘变化十分丰富,柱子造型更是变化多端。

　　由于宋朝时期的官宦人家普遍居住在深宅大院,园林别墅的建造之风
也愈加受到推崇,这推动了我国造园艺术的普及和提高;同时士大夫追求
恬淡典雅的趣味和理想也逐渐成为审美的主流,以至于对民居建筑也造成
了一定的影响[10-11]。唐朝以前封建都城实行夜禁和里坊制度。但随着经
济的发展和人们对生活需求的不断改变,宋朝的都城汴梁已经完全是一座
商业城市的面貌了,城市的发展也进入了开放式的模式,城市消防、交通运
输、商店、桥梁等日新月异,同时这也不断地、间接地促进了江苏各地的规
划与发展。

　　元朝定都北京,在汉人刘秉忠、阿拉伯人也黑迭儿及科学家郭守敬共同
规划下完成了都城建设。城内具有方整的格局、良好的水利系统、纵横交错
的街道和繁荣的市街景观。元朝时,多种建筑风格传入中国,因此产生了大
量具有异域风情的建筑,譬如覆钵式瓶形喇嘛塔风格的北京妙应寺白塔。而
这一时期内的江苏建筑发展相较于都城而言,并没有非常明显的变化。

　　明清时期,建筑发展到达了中国传统建筑的最后一个高峰。对现今遗留
下来的传统建筑实物以及古老的市镇聚落、历史街巷进行考察,可以发现当
时的江苏地区经济非常发达,在城市建设方面,有雄伟壮丽的古都南京,也有

以园亭取胜的扬州,以及以市肆闻名的苏州。在市镇发展方面,明清时期是我国市镇飞速发展的黄金时期,尤其是在江南地区形成了密集的市镇网络,不同市镇的手工业生产各有特色。由于经济的不断发展,一些大型住宅建筑从居住规模到装饰手段都远胜前人(如图1-7、图1-8)。明清以来,城镇人口的快速增长,建筑密度整体提高,促进了以砖木结构为主的民居建筑数量的增长。江苏地区的各种官式建筑也由此呈现出新的木构特点,即斗拱的结构作用减少,出檐深度缩减,立柱显得更加细长,梁柱构架的整体性加强,侧脚、卷杀等构件不再使用,梁枋比例沉重,屋顶柔和的线条消失,这样的处理方式使建筑形式精练化,符号性增强,不仅简化了建筑结构,而且在有效节

图1-7　明清时期的苏州民居

图1-8　明清时期的高淳民居

省木料的同时,也能够争取到更大的建筑空间。除了在木构方面的进步外,明清建筑还大量使用砖石材料,促进了一种拱券式的砖结构建筑的发展,江苏各地普遍出现的无梁殿就是这种进步的具体体现。

　　明清时期的另一项伟大成就就是在园林构建方面的进步[12-13]。明末后,由于官僚、地主的私园发达,且造园理论专著频出,江苏以南京及其附近的扬州、镇江、苏州等地为代表的士大夫的造园活动再次掀起高潮。从现今保存下来的各类园林来看,当时人们很重视园林景面的布置,使建筑、山水、花木

等巧妙地集于一处,形成十分别致的景观效果。另外,风水术在明末已经达到极盛时期,研究和注释风水著作之风不断蔓延。特别是清朝乾隆、嘉庆年间,考证之风兴起,更推动了风水理论研究的发展,这一中国建筑史上特有的古代文化现象,其影响一直延续到近代。

1.2　古建筑的分类

中国的古建筑按照社会功能划分,主要分为宫殿、府邸、民居、城池、陵墓、宗教建筑及文教建筑等。由于江苏地区浓厚的水乡特色,区域内的建筑也因此拥有宏伟奇巧的梁架结构,精致的戗角,典雅的室内装饰,建筑的整体风格以优雅秀丽为主。从建筑的技艺方面而言,江苏的建筑能够坚持以人为本,建筑构造大多为砖木结构,屋面与楼面的重量多采用抬梁式与穿斗式的构架共同承受,并依据空斗墙和实砖墙来围护和分隔空间。这样使建筑看起来更加轻盈,灵活性较强,富有变化,融合在整体、统一的视觉效果之中。

1.2.1　宫殿

宫殿是古代帝王朝会和居住的地方,宏大壮丽、格局严谨,凸显君王威严。中国传统文化注重巩固等级秩序,因此建筑成就最高、规模最大的就属宫殿[14]。宫殿常依托城市而存在,以中轴对称、规划严谨的布局方式,突出宫殿在都城中的尊贵地位。在江苏,最具代表性的宫殿便是南京的明故宫,它是古代殿式建筑的辉煌篇章。而且,明故宫作为前代三朝皇宫,也成为北京故宫的营造参考。从目前明故宫残留的建筑遗址,不难看出城殿式建筑的王者气度。细看即可

图 1-9　明故宫宫殿布局

发现明代故宫石制照壁、各类残存的吉祥物上的浮雕、石制雕塑，以及殿式建筑残存的底柱，其古镜式柱础因迁都流入北京，成为北京故宫及之后中国殿式建筑的柱础蓝本。由于朱元璋刻意复古，明朝初期宫殿建设均效仿古制，宫殿依照"三朝"作三殿（奉天殿、华盖殿、谨身殿），处于同一条中轴线上，并在殿前设置五重门（奉天门、午门、端门、承天门、洪武门）。除此之外，还按照周礼"左祖右社"，在宫城之前东西两侧置太庙及社稷坛，使宫殿的整体规划显得非常庄重与宏伟（如图1-9、图1-10）。

图1-10　明故宫宫殿遗址

1.2.2　府邸

在我国古代，府邸主要满足两类人群的使用需求。因此，府邸二字应拆分理解，"府"为朝廷官员处理公务的处所，而"邸"是专指贵族阶层的住宅。通常情况下，府邸的建筑布局与营造方式非常讲究，往往通过前堂后寝、左右内府的方式进行规划。一些规模较大的府邸除了满足办公或居住的功能外，还会内设园林、楼阁、亭台等多种建筑设施[15-16]，不仅施工技艺精湛，而且具备丰富的活动功能，充分体现了居住者的尊贵身份。纵观江苏，目前规模较大且保留完整的府邸应该是淮安的府署与南京的瞻园。

淮安府署是目前整个江苏保留下来的最大的府衙，始建于明朝洪武三年（1370年），由知府姚斌在元朝沂郯万户府与南宋五通庙的基础上改建而成。衙内有房屋50余幢，分东、中、西三路而建。大门对面有照壁一座，大门后有仪门，两处均有牌坊一座。府署的大堂、二堂位于中轴线上，大堂内设有吏、户、礼、兵、刑、工六科，位于东西两侧。大堂通过三槐台连接二堂，二堂后为官宅上房等建筑，专供官员及家眷居住之用。淮安府署具有官式建筑的典型特征（如图1-11），大堂的木构方式为抬梁式做法，檐下斜撑的花纹与雕刻工艺精湛。前廊顶部采用乌篷轩做法，屋顶为悬山式，并配有青灰陶瓦，正脊用板瓦砌筑成清水脊，两端各置鱼吻造型。墙体采用两层砌筑方式，外层为砖砌清水墙，内层为土坯，在降低建筑造价的同时，也具有较好的保温效果。淮安府署对中国官式建筑的形制及淮安地区的

图 1-11　淮安府署正堂

建筑发展特征具有重要的研究价值，也是中国古代官式建筑与政治体制的研究范本。

南京瞻园是现存历史悠久的明代邸宅，号称金陵第一园。其历史可追溯至明太祖朱元璋称帝前的吴王府，后经朱元璋赐予中山王徐达成为其私家花园，素以精致秀巧著称。瞻园的整体布局坐北朝南，纵深 127 m，东西宽 123 m，共有大小景点 20 余处，布局典雅精致，拥有宏伟壮观的建筑群，陡峭峻拔的假山，闻名遐迩的北宋太湖石，清幽素雅的楼榭亭台，怪石嶙峋，奇峰叠嶂。园内主要建筑有静妙堂、一览阁、花篮厅、致爽轩、迎翠轩及曲折环绕的回廊，这些建筑和回廊把整个瞻园分成若干小庭院和一个主园。其中，静妙堂为园中主体建筑，它位于主园中部，三面环水，一面依陆，堂之南北各有一座假山，水是相通的，西边假山上还有岁寒亭一座（如图1-12），体现出朱元璋对徐达的"一水之漂，有江湖万里之情"的感恩意境。

图 1-12　南京瞻园静妙堂

1.2.3 民居

民居是中国民间出现最早、分布最广、数量最多的居住建筑。由于中国各地的自然环境和风土人情不同,各地民居也呈现出多样化的面貌。江苏的传统民居建筑和其他各省份的相比,由于处于暖温带和亚热带气候的过渡地带,民居通常位于山清水秀的自然地理环境中[17]。目前,江苏的传统民居多为明清时期保留下来的,苏南和苏北各有特色。苏南的传统民居最典型的外观是粉墙黛瓦,简洁典雅,结构上带有典型的水乡特色,体量不大,常见前店后居或下店上居的形式。而苏北的传统民居则与安徽、湖南等地的建筑风格相互融合,偏向厚重,常用门楼砖雕作为装饰。

图 1-13 周庄的部分民居

江苏民居以苏州昆山的周庄最为知名,素有中国第一水乡的美誉。周庄的建筑群四面环水,因河成镇,依水成街,以街为市。"井"字形的河道上完好保存着 14 座建于元、明、清三朝的古代石桥。800 多户原住民枕河而居(如图1-13),且大多数民居为明清时期的建筑风貌。总体而言,周庄的民居通常以街坊形式构成群体。其中,面窄而进深长的房屋多垂直于河岸建造,背面多以天井方式构成小院。建筑布局常以天井居中、大门在前、正房在后、厢房左右的形式为主。

在周庄近百座古宅院中,最具代表性的当数沈厅。沈厅位于富安桥东堍南侧的南市街上,由沈万三后裔沈本仁于清朝乾隆七年建成,其营造方式兼顾了苏南、苏北两地的建筑特色。沈厅由三个部分组成。前部是水墙门和河埠,专供家人停靠船只、洗涤衣物之用;中部是墙门楼、茶厅、正厅,为迎送宾客、办理婚丧大事和议事的地方;后部是大堂楼、小堂楼和后厅屋,为生活起居之处。整个厅堂是典型的前厅后堂的建筑风格。前后楼屋之间均由过街楼和过道阁连接,形成一个环通的走马楼,在民居建筑中较为罕见。沈厅的

主体建筑为松茂堂,占地
170 m²。正厅的面宽与进
深均为11 m,前设轩廊,后
有廊道,两侧设有次屋,正
厅屋面为两坡硬山顶,厅
内梁柱粗大,刻有蟒龙、麒
麟等花饰(如图1-14)。朝
向正厅的砖雕门楼高达
6 m,上覆砖飞檐,刁角高
翘,下承砖斗拱,两侧有垂

图1-14　沈厅松茂堂

花莲,下面是五层砖雕,布置紧凑。其装饰水平足以与一些私家园林中的砖
雕门楼相媲美。

1.2.4　城池

为了更好地保障地方的政治、经济、文化发展,历朝历代通常都要修筑城
池、开掘城壕,以御外敌。目前,江苏境内规模最大且相对完整的城池还是要
数南京与苏州两地。

南京的城池也称明城池,它是明朝时期在南唐旧城的基础上向东和向北
两个方向扩展而来的,东扩部分是皇城所在地,北扩部分是供军队驻扎,以及
作为国子监、钦天监、庙宇之用。以此形成了南京城内三大功能区,即城东的

皇城区、城南的居民和商
业区以及城西北的军事
区。南京的城池在不同地
段采取的建筑方法各不相
同。有的地段用石灰岩和
花岗岩的条石作为城基、
勒脚及外壁的材料,有的
地段全部用城砖垒砌,还
有的地段以条石、城砖砌
筑墙面,中间填以片石、城

图1-15　南京城池(仪凤门段)

砖、黄土混合夯筑。城池走势始终尽占地利优势,北起狮子山,南至聚宝山,西包清凉山(石头城),东尽钟山之麓,犹如蟠龙之势,十分坚固。城池沿线共辟13座城门,门上有城楼、马道,重要的城门设有瓮城。城池以外,又修筑了一座长达50余公里的外郭城,连同都城、皇城、宫城形成四道防御。随着时间的流逝,如今的南京唯有都城城池巍然屹立(如图1-15)。

苏州的城池早期是吴王阖闾时伍子胥所造,为土城样式,是全中国最古老的一座城池,并经历元明清三朝持续巩固修建。虽然苏州的城池不如南京那样宏伟壮丽,但是它在中国城池的建设史上有着独特的地位,其原因就是城门大多开辟水陆双门。同时,苏州的城池在建设上摈弃了自汉唐以来的方形旧制,呈现为不规则的长方形,成为中国城池建设史上的一个特例。苏州古城目前保留下来的城门共有10座。其中,盘门是保存最完整的水陆双用城门(如图1-16)。

图1-16 苏州城池(盘门段)

1.2.5 陵墓

陵墓是中国古建筑中最宏伟、最庞大的建筑群之一。在漫长的历史进程中,中国产生了举世罕见的、庞大的古代帝王、后墓群。陵墓选址以靠山居多,并以古代帝王陵寝制度和阴阳五行等墓葬观念为依据。在历史演变的过程中,陵墓建筑逐渐与绘画、书法、雕刻等诸多艺术融为一体,成为反映多种艺术成就的综合体。

坐落在南京市东郊紫金山下、茅山西侧的明孝陵是明朝开国皇帝朱元璋和皇后马氏的合葬陵墓,也是中国现存规模最大的古代皇家陵墓之一[18]。明孝陵周围山势跌宕起伏,规划宏大,格局严谨。陵墓总体布局由引导建筑的神道和陵宫两部分组成。神道部分,沿下马坊起,途经禁约碑、大金门、神功圣德碑碑亭、御桥、石象路等,再过棂星门折向东北,可见陵园文武方门,纵深 2.6 km。陵宫部分,从文武方门进入,过碑殿,可见两侧东西井亭,再途经享殿、内红门、升仙桥、方城明楼至宝城为止(如图1-17),宫墙周长 2.2 km。陵宫的布局首创了以享殿为中心,组成南北走向的三大院落,平面呈竖式长方形,加上与方城明楼、宝城相互连接,恰似宫廷中前朝后寝的建筑模式,表明朱元璋为自己死后作了仍如生前那种生活方式的安排,不仅展现了帝王陵墓的雄伟气势,而且也加强了建筑的艺术美感。作为陵宫中体量最大的建筑,方城明楼是朱元璋为了看守自己陵墓所建造的,方城立面均用巨型条石构建,东西长 75.3 m,南北宽 30.9 m,前高16.3 m,后高 8.1 m,底部为须弥座。方城正中为一拱门,中通圆拱形隧道,由 54 级台阶组成。方城之上是明楼,沿方城左右两侧步道即可登上。明楼地面以方砖铺地,上面原有重檐飞角,覆黄色琉璃,造型华丽,雄伟壮观。但由于历史原因,方城明楼原有的重檐歇山屋顶于清朝咸丰三年毁于太平天国战火,现在看到的仅是修复后的建筑样式(如图1-18)。

图 1-17 明孝陵主体陵宫

图 1-18 明孝陵方城明楼

1.2.6 宗教建筑

中国的传统宗教建筑是仅次于宫殿和陵墓以外的另一类重要建筑,主要以佛教与道教居多。佛教起源于印度,公元 1 世纪左右经西域和南海分两路传入中国,而道教是中国本土宗教。在漫长的历史演变中,佛教与道教各具特色,相互排斥,又相互渗透。佛教的单体建筑主要为佛寺、佛塔、石窟等,而道教则以道宫与道观为主。它们共同造就了中国古代宗教建筑的主要成就。

在江苏境内,历史最久且保留完整的佛教建筑为扬州大明寺。大明寺始建于南朝宋孝武帝大明年间,后经隋唐宋三朝持续修建,并于唐朝鉴真法师任住持时,成为中日佛教文物关系史上的重要古刹。大明寺主要由寺、宅、园三部分组成。"寺"为宗教礼拜区,坐北朝南,并以大雄宝殿作为主殿,与东侧的栖灵塔、鉴真纪念堂等形成围合空间;"宅"为紧邻主殿西侧的平山堂院落,主要由平山堂、谷林堂、欧阳祠等组成;"园"为平山堂西侧以水为主的西园,包括船坊、钓鱼台及多座古亭。大明寺整体规划依势而建,呈现出多轴线下局部对称的特征,寺、宅、园三部分衔接自然,交互贯通,疏密有序。在营造样式方面,寺内的主体建筑有大雄宝殿和栖灵塔。其中,大雄宝殿面阔 20 m,进深 16 m,立面高度 16 m,为重檐歇山顶,前后交会硬山披廊。殿前 9 级台阶,台阶东西侧围合封闭,建筑的柱、枋均饰以红漆。屋面为灰板瓦,镂空花脊,正脊中心嵌有宝镜,正面刻有"国泰民安",背面刻有"风调雨顺"。大殿前后开门,殿内中央区域设置三尊清代佛像,从殿首绕至殿后可见海岛观音像,建筑室内整体透视效果气势恢宏(如图 1-19)。而栖灵塔始建于隋朝仁寿元年,塔高九层 73 m,于唐武宗会昌三年毁灭,后于宋真宗景德元年修复。整体建筑样式为木构楼阁,每层东西南北四个立面均为四柱三间,一门二窗,每层腰檐下设有平座,平座及腰檐均由斗拱支撑,整体出檐体量大而平整,立柱以腰鼓形为主,窗户以直棂条竖向排列,以此凸显浓厚的唐时期建筑风格(如图 1-20)。

图 1-19 大明寺大雄宝殿

除了佛教建筑外,江苏起源最早的道教建筑是句容的茅山道院,被道教列为第一福地与十大洞天中的第八洞天，也是道教上清派、灵宝派、茅山派的发源地。相传西汉景帝时，有茅氏三兄弟在句曲山修炼，并炼取丹药为百姓治病，之后得道成仙。后人为纪念他们，遂将此山改称为茅山。到了宋朝时期，在朝廷的支持下，茅山先后修建了大批道观，并且逐渐成为驰名古今中外的道院。到清末时期，茅山道院共有三宫五观等各类大小建筑 700 余间。其中，三宫为九霄万福宫、崇禧万寿宫、元符万宁宫，五观为德祐观、仁祐观、玉晨观、白云观、乾元观。作为茅山道院的最高顶宫，九霄万福宫坐落于茅山主峰大茅峰巅，被誉为三宫五观之首。其布局坐北朝南，宫前设有广场，东西各建山门一座，入宫首为灵官殿，过藏经楼沿级而上为主体建筑太元宝殿，主祀为三茅真君，配祀为道教四大元帅，两侧配殿分别为财神殿和太岁殿。殿

图 1-20　大明寺栖灵塔

图 1-21　茅山道院九霄万福宫

图 1-22　九霄万福宫飞升台

后有飞升台和二圣殿,左右分别建有白鹤厅、养真仙馆、迎旭道院、花厅、仪鹄道院、道舍、斋堂等建筑,整个建筑群均依山借势,东西对称,自南至北层层而上(如图1-21、图1-22)。

1.2.7 文教建筑

在中国古代文教建筑中,有两种不同的建筑群体,分别为学宫和书院。学宫是官学教育场所,通常情况下,学宫总与孔庙建筑在一起,兼有祭祀孔子和培养人才的双重功能。而书院之名始见于唐朝,发展于宋朝,是中国古代有别于官学的一种私学教育场所。

南京的夫子庙学宫一直是江苏最为知名的古代学宫,被称为东南第一学,始建于北宋景祐元年,为江宁府学,是南京府级官学之始,后经元明清三朝持续发展,成为中国古代江南乃至全国地区的文教中心和官学重地。学宫位于夫子庙大成殿后,布局为中轴对称,二进二院式格局。第一进以明德堂为主体建筑,坐北朝南,与学宫门楼相对(如图1-23)。两厢位于明德堂东西两侧,系学子们读书

图1-23　夫子庙明德堂

之所,东厢二间称为"志道""据德",西厢二间称为"依仁""游艺",并与明德堂共同组成四合院,庭院中间设有"习礼""仰圣"两座古亭。第二进以尊经阁为主体建筑,为一座重檐歇山式屋顶的楼阁,共三层,端正凝重、玲珑华丽,与东西两厢共同组成四合院。尊经阁后的土丘之上设有古亭一座,名为敬一亭,以此表达学子对孔夫子的敬爱之意。

无锡的东林书院,是江苏自古以来最著名的书院,被誉为天下书院之首,始建于北宋政和元年,是北宋知名学者杨时长期讲学的地方。后于明朝万历三十二年(1595年),由知名学者顾宪成等人持续修建并于此地聚众讲学,他们倡导读书、讲学、爱国的精神,引起全国学者普遍响应,一时声名大噪,使东

林书院成为江南地区文人议论国事的主要舆论中心。书院整体布局分为东西、南北两条轴线,南北轴线上为主要建筑群,并呈现出纵深多进的院落形式,以仪门、石牌坊、东林精舍、丽泽堂、依庸堂、燕居庙、三公祠等讲学建筑为主。其中,东林书院的标志性建筑就是石牌坊又称马头牌坊。它位于书院中轴线的导入部位,起到了烘托整个建筑的作用,使书院其他建筑显得庄重而

古朴。书院的主体建筑依庸堂位于轴线中心区域,为三间硬山顶建筑,也是东林学派学术领地的象征(如图1-24)。堂内东西两侧立柱上挂着东林党领袖顾宪成所撰的广为世人传颂的名联"风声雨声读书声声声入耳,家事国事天下事事事关心"。此外,书

图 1-24　东林书院依庸堂

院的东西轴线上还有晚翠山房、来复斋、心鉴斋、寻乐处、小辫斋等建筑,庭院内筑有池塘、亭台水榭等,显得格外典雅幽静。

1.3　古建筑的生存分析

古建筑作为中国传统文化的重要标志,不仅能够展示中国古典建筑的文化特点与魅力,而且也能够为当代建筑设计提供一定的借鉴与参考。近年来,随着现代城市化进程的不断推进,以及科学技术的日新月异,人们对古建筑保护的关注度大幅度下降,再加上长期以来的历史变迁、风雨侵蚀以及社会干扰等,给古建筑的持续发展带来了很多不利因素。

1.3.1　现有保护措施

早在20世纪初,以梁思成、林徽因、刘敦桢为代表的一批学者就从史学的角度以梳理古建筑发展脉络的方式,拉开了我国古建筑保护的序幕[19-20]。

但是,由于当时处于战乱时期,很多关于古建筑保护及修缮的方法都未能得到落实与推进。直到新中国成立后,在多次立法的基础上,整合全国建筑院校的优势资源,才正式对古建筑开展了关于统计、制定以及分析等方面的研究与保护工作,积累了一定的实践经验和理论基础。之后,随着改革开放的进行,受到全球化浪潮的影响,江苏地区的古建筑保护也逐步吸收了很多国内外的相关专业理论,不断构建起关于古建筑保护的指导体系。该指导体系主要基于以下几种方法实施。

其一,冻结保存法。这种方法是将需要保护的古建筑保持原有状态不变,再进行适当的修缮,不破坏原有的样式,同时,修缮的部分需要能够被良好地判别出来。尤其是一些古建筑,其所具有的历史意义深远,对其开展修缮工作,需要格外注重的是必须保证修缮工作能够为考古研究服务,在遵循原有造型、材质的信息基础上对其加以充分的考量。在修缮时,对缺损部位的修补要将其与原建筑结合在一起,保证修复后从外观上看修缮的部分与古建筑是协调统一的。例如,南京的方城明楼和中华门城楼的楼阁部分,都是在保留城门基座的情况下,对楼阁部分单独进行修缮的,且建筑的用料方式、施工手段,与先前遗留下来的建筑能够形成一定的差异,使人在综合考量后,能够判别出不同时期的建筑处理方式与工艺特性等。

其二,原地重建法。在漫长的历史长河中,有许多具有重大历史意义的古建筑随着时间的推移而湮灭,但是它们仍然具备重要的象征作用,因此,在具备条件的情况下,可以对其开展重新构建工作。但是开展此项目必须谨慎,因为重建之后的建筑的样式、布局、规模即使再接近建筑原貌,也不能称之为古建遗迹,因为它早已不具备真实的历史性。例如,盐城的水街曾是自明清朝以来,盐城海盐文化的重要地标,并在淮阳一带非常著名,但是由于种种历史原因,水街的大部分古代建筑未能幸存下来。为此,地方政府在组织专家进行专业规划后,投资 3.1 亿元,完成了对水街建筑群的重建工作。目前,水街的建筑群基本恢复了明清时期的建筑风貌,水道蜿蜒曲折,亭台楼阁临水而立,墙体采用黏土青砖,屋面为青瓦或琉璃瓦。水街景点分为大宅门、天水广场和驿水酒家三大片区,建有水云阁、漂舟戏苑、翰墨阁等特色建筑,并安排了水、陆两条参观路线,在展示海盐历史文化的同时,也集中展示了地方戏曲、杂技、老行当和民间艺术等民俗文化的魅力。

其三,地段拼建法。这种保护的方式主要是在一些古建筑分布较为零散的区域中使用,即如果部分古建筑可以进行迁建工作,就可以选取适当的位置将其集合起来,形成独特的历史区域,特别适合那些在城市进程中处于孤立的,或即将被列为改造对象的古建筑。但是,这样的处理方法也必须基于两点原则:首先,不能因异地迁移而破坏古建筑特有的地域性文化特征;其次,拼建时应注重将孤立的建筑融合到同一时期、同一文化特征的建筑群体中,切忌将不同时期、不同文化背景的建筑胡乱融合,破坏古建筑群体的整体性。

其四,环境烘托法。这种方法是针对一些特别重要的古建筑群体,将群体环境中明显影响古建筑整体呈现或不符合古建筑整体风貌的现代建筑全部移除,从而塑造并充分、明确地体现出古建筑群体的整体特性。以昆山的千灯古镇为例,为了更好地保护与突出其作为昆曲发源地的重要特性,昆山在十几年间陆续投入数千万元资金,按照历史原貌进行修缮保护的同时,还拆除了大批量的现代建筑。如今的千灯古镇内几乎看不到一栋钢筋水泥的建筑物,体现出浓郁的古镇风貌。

1.3.2 存在的问题

据不完全统计,中国境内的古建筑数量每年都减少5%以上。和世界其他古老文明相比,我国现存古建筑的数量和其历史地位不成比例,在历史上见于文字记载的建筑,能够被保留下来的极少,今天依然能够使用的更是屈指可数。这一现象对于目前的江苏地区而言,同样也是一个亟待解决的共性问题。形成这些问题的原因主要体现在以下若干层面。

首先,经济的发展开发导致古建筑的破坏。在经济利益的驱动下,很多地区都认识到历史古迹对招商引资、发展旅游、提高地区知名度有重要作用,热衷于对古建筑进行商业开发,使不少古建筑变成了商业街区。就如南京夫子庙景区,原本是古时候莘莘学子为报效朝廷而求学的地方,曾经回荡着琅琅读书声的学宫,如今却变成了流行性音乐与商贩的叫卖声此起彼伏的旅游景点。

其次,保护观念上未能由点到面。在高楼耸立的现代都市中,偶尔发现一座古建筑孤立其中,除了会令人眼前一亮、倍感新鲜之外,已无法让人感受到古建筑应有的历史脉络与特有的人文关怀,这主要是因为我们的古建筑保护观念过多地关注"点",却没有注意到作为"面"的区域性保护。如此一来,只会使古建筑多了几分商业化的珠光宝气,最终却流失了原来那份古朴典雅的历史韵味。

最后,古建筑保护中,在技术方面的投入严重不足。自然环境对古建筑的破坏是不可避免的,如随着时间的推移而造成的岩石风化、酸雨侵蚀、日晒虫蛀等,但是,当前如何将最新的科技成果运用于古建筑的修缮、修补之中,如何建立明确、完善的保护体系,还需要更多学术研究、技术支持以及人才培养的投入。就如复旦大学葛剑雄教授所说,保护古建筑是中国自古以来就没有解决的难题,随着现代化进程的迅速推进,古建筑的保护依然困难重重,其前景令人担忧。

数字虚拟技术对江苏古建筑保护的优势

2.1 数字虚拟技术对古建筑保护的作用

古建筑是传统文化的一种体现,对古建筑进行保护,不仅是对建筑文化的重视,也是对传统文化的一种传承。为此,需要借助先进的技术手段对古建筑进行资源整理,利用数字虚拟技术对古建筑的形态进行还原,这样可以更好地理解古建筑所呈现的艺术特色。数字虚拟技术是一类应用能力较强的技术,通过三维与虚拟等手段对建筑进行数字化还原,合理展示建筑细节,可以让人们更好地感受到古建筑的魅力[21-22]。因此,对于江苏古建筑保护而言,除了用物理方法对建筑进行修缮或重建以外,还应当借助数字虚拟技术对古建筑的各项数据资源进行系统性的保护。

2.1.1 关于复原

江苏的古代建筑群体大多是由自然环境、建筑外形与建筑系统内部结构等构成的。从古至今,建筑外观的灵活性以及建筑结构的丰富性在江苏古建筑中有非常多的体现。无论是雄伟高大的宫殿、陵墓、宗教建筑,还是小巧玲珑的民居、庭院等,其建筑所展现出的场景风貌都是非常宝贵的遗产。但是由于历史遗留问题以及其他的原因,现在江苏的古代建筑或多或少都遭受到一定的破坏,随着时间的流逝,对古建筑场景进行积极的复原,已经受到了人们的广泛关注[23]。而数字虚拟技术与古建筑保护之间关系密切,能够协助并完成古建筑的数字复原工作。数字虚拟技术中的三维扫描、几何建模等技术发展迅速,能够有效地获得古建筑的坐标、尺寸数据等,再结合相应的技术方法去精确、形象、丰富地记录古建筑各个视角下的外形样貌、建筑风格、内部结构等,将场景的深度信息包含于几何模型中,且所建模型具有易于修改及灵活调整的特性。此外,利用数字虚拟技术中的仿真渲染技术还能够客观呈现出古建筑的几何纹理、材质的物理属性以及真实的光照效果等,不仅可以展示出不同历史时期的建筑特征,还能够烘托出古典建筑的艺术文化氛围,增强视觉可信度及视觉感染力。数字虚拟技术能够有效地改变古建筑缺乏实物保护的现状,为古建筑保护的各项研究提供扎实的数据资料。

图 2-1　秦淮古镇视角 I

图 2-2　秦淮古镇视角 II

目前,江苏在古建筑的数字复原方面,制作得比较成功的案例有秦淮古镇的虚拟场景,其整体场景宏伟壮丽,细节精致美观,充分展现了当时商贾云集、文人荟萃的历史氛围,为明清时期十里秦淮的特色宣传起到了很好的效果。所以,数字虚拟技术对古建筑的复原而言是一种合理、可行的先进系统,具备很好的应用前景,也是古建筑遗产保护的重要发展方向(如图 2-1、图 2-2)。

2.1.2　关于体验

除了古建筑复原以外,古建筑的各种体验感受也与数字虚拟技术有着紧密关系。这是因为数字虚拟技术中的三维打印技术与虚拟现实技术能够给人们带来物理交互及沉浸交互两个方面的体验[24-26]。这种体验不仅能够让人们更了解古建筑的真实细节,而且也能够更好地促进人与建筑之间的交互过程,以此促使人们以更加积极的态度,将智慧与精力投入到古建筑保护的事业中。

通过三维打印技术可以将大规模的古建筑群体打印成直观的模型沙盘,也可以将古建筑的某些构件打印成与原物相同的可拆卸实物,这两种方式都实现了从二维平面图像到三维实体模型的转换,对于古建筑的研究工作而言,是一个巨大飞跃。它能让广大的专业人士或非专业人士更加直观地了解古建筑,而不是和从前一样,仅能通过简单的摄影图片去感知。它加强了人对建筑的空间认识,从抽象的虚拟空间走向了现实的实物(如图2-3)。三维打印技术不仅可以将损坏的古建筑构件打印出来,而且它的可拆卸功能也能够更好地增

图 2-3 三维打印的古建筑模型

加人们与古建筑构件物理交互的实际兴趣,从而进一步提高人们对古建筑的保护意识。

虚拟现实技术是数字虚拟技术中较为新颖的研究领域。它在恢复古建筑原貌的基础上具备视觉、听觉、触觉甚至嗅觉方面的交互功能,能够不受时间与空间的约束,以互动、实时的功能让人全方位地沉浸到虚拟现实的古建筑空间中。其中,互动功能是指当人进入虚拟空间中时能够抓取一个物体,它的重量、光滑度、温度等能够反馈给体验者,同时物体的动态呈现过程符合真实规律。这也意味着当进入某古建筑空间时,人们不仅可以自由漫游到空间的每一个位置,而且还能够全方位观察并针对每一个感兴趣的物件进行交互操作,如将建筑空间的门窗开启或闭合,搬动或拿起相应的家具等。而实

图 2-4　虚拟现实下的动态光效

时功能是指在模拟的环境中,物体根据自然物理定律的动作得到相应的反应程度,让计算机仿真相应的响应效果。比如模拟古建筑空间中,同一个花瓶从不同的高度落下来,得到不同的破碎效果。虚拟现实过程能够根据力度的方向、大小,做出现实中的物理体验,又或者根据不同的季节、不同时段外部环境及光照效果产生实时变化等(如图 2-4)。

2.1.3　关于监管

基于上述各类数字虚拟技术在古建筑保护中的应用关系,可以发现合理地利用新兴技术完成古建筑数字修复与体验过程的同时,实际上也是一个实现古建筑信息化监管的过程。如果能够针对江苏境内的古建筑群体施以全方位的信息管理,并借助一些具体的应用方法,在使古建筑保护的职能得到进一步拓展的同时,也能够使保护过程的展开更加具有科学性[27]。

首先,设立不同时期古建筑外部样式的资料库,利用数字虚拟技术中的手段,将重要的建筑物通过扫描、渲染等汇集成完整的图像资料,并存储在资料库中。

其次,设立关于古建筑内部结构的资料库,将不同时期具有代表性的古建筑三维模型录入资料库,便于人们通过拆卸、组装三维模型更好地认识古建筑的各个构件。

最后,设立关于古建筑规划图纸的资料库,对古建筑群体之间的总体布局、动线设定以及功能分区等,均系统地进行梳理,并通过引线、标注等对古建筑的整体环境加以说明,同时针对每个单体建筑物等建立编号,以便于对照图纸快速检索。

2.2 数字虚拟技术对古建筑保护的影响

江苏的古建筑群体作为传递文化信息的特殊载体,是能够反映江苏地区一定时期内思想文化和风俗习惯的艺术瑰宝。因此,在积极有效地借助数字虚拟技术对江苏古建筑群体进行保护的过程中,应当密切地注意与把握这个过程能够对现今或未来产生哪些有帮助的重要影响[28-30]。这对于古建筑保护事业而言,能够起到更加深远的推动作用。

2.2.1 优化探索过程

在江苏传统的古建筑保护、修缮的工作中,有时候会在缺乏真实数据和先进技术作为支撑的情况下,对古建筑造成许多难以复原的创伤,或拼凑出一些并不符合历史实际情况的还原方案,从而导致古建筑面目全非。随着科学技术的发展,数字虚拟技术的应用对于科学探索古建筑的原真性有着非常重要的意义,通过它就能够采用多种复原方案对古建筑模型进行综合操作,同时,这些操作也可以根据研究内容随时更改,以便于人们探索出更合理的或更具原真性的保护方案。因此,数字虚拟技术在古建筑保护中不仅能够提高保护方案实现的效率,也使得人们能够在一个更科学的平台上进行探索,极大地优化了人们对古建筑研究的探索过程。

2.2.2 解决开发矛盾

数字虚拟技术在古建筑保护中应用推广以后,便可通过一些技术手段对古建筑进行虚拟化展示,其中包括一定的商业推广优势。一方面,当人们接触古建筑的时候,可以减少对古建筑实体的干扰;另一方面,也可以帮助人们增加对古建筑细节方面的了解,尤其是对实体古建筑物中难以直接触碰的、不易观察到的细部,人们即使没有见到现实中的古建筑场景,也可通过相应的技术手段去了解这些精美绝伦的建筑细节。在传统的古建筑文化推广中,实体建筑一直被作为推广的主体资料,也正因为如此,建筑开发商与文物保护单位在对古建筑开发或推广的过程中时常会出现各类矛盾。有了数字虚拟技术介入古建筑保护,古建筑的研究数据得以保留,在古建筑文化的推广中也有了更好的虚拟场景去替代实体场景。这样更加有效地解决了实地开发与古建筑保护之间的矛盾。

2.2.3 重构文化氛围

数字虚拟技术的根本是技术,依托技术应用于古建筑保护,能够产生对历史文化新的认识与理念。古建筑作为文化遗产确实需要得到延续或保护,但最终并非仅通过保护措施减少伤害,应当融入全新的理念和方法,使建筑具备全新意义,这样才能够真正地为我们所用,并与现实生活建立有效联系,同时也使古建筑的保护工作发挥最大作用。对于古建筑遗产,依靠数字技术来处理,一方面能够达到保护的效果,另一方面能够实现文化的传承与创新。江苏境内的古建筑遗产数量众多,无论名气如何,鲜有年轻人产生实地调研的兴趣。引入数字虚拟技术后,科学技术和传统文化直接碰撞,使科学和艺术真正融合,这也意味着给人们带来了一种全新的文化接触渠道,使人们更好地感受建筑遗产的洗礼,激发人们的归属感,使其团结一致,共同投身于文化保护事业中,并促进这项工作得到全面、有效的落实,进而达到理想目的。将古建筑保护中的数字虚拟技术延伸到艺术领域、艺术架构以及文化传播方面,将使古建筑保护事业产生巨大变革,既能保证艺术形态多样化发展,又能满足人们的精神追求。在科学与艺术持续融汇的过程中,建筑遗产保护与传承必定上升至全新高度,这必会给人们带来更加丰富的文化氛围。

2.2.4 启迪现代建筑

加强数字虚拟技术在古建筑保护中的应用,一方面是为了保护和传承古建筑文化,帮助人们了解过去历史时期的思想文化,满足人们精神上对文化的需求,另一方面也是为了使人们认识到古建筑的建筑思想,使其能够对现代建筑行业的发展有所启迪。众所周知,江苏的古建筑群体大多采用木质的材料,并以砖石材料为辅。那么,建筑的内部构件是如何布置与衔接,并支撑起如此大体量的建筑实体,又是通过什么方式建立相关安全防护措施的,这些问题是值得现代建筑行业去关注与探讨的重要课题。

现代建筑行业中多采用钢筋混凝土的框架结构、网架结构、壳体结构等,它们的优点在于强度、刚度、耐久性等方面较为突出,但是可塑性和韧性方面与古建筑的榫卯结构相比,还存在一定的不足。因此,将古建筑的精髓部分在现代建筑中进行有效应用,能够对现代建筑起到取长补短的实际作用。同时,随着社会的快速发展和人们经济水平的不断提高,人们对于建筑内部居住环境的要求也变得更加细致与具体。人们在要求建筑的结构和形式语言朝多元化、定制化、个性化方向发展的基础上,逐渐地开始强调人文关怀,甚至很多人追求建筑的语言形式兼具古典韵味。对于建筑行业而言,这意味着需要在现代建筑行业中融入一些古建筑的设计理念,并通过数字虚拟技术使建筑工程师更好地认识到古建筑的构建思想与方法,这对于现代建筑行业的发展具有非常深远的重要意义。

目前,江苏已经开始大力发展旅游文化产业,许多地方开始修缮古建筑主题的特色小镇。例如,无锡的拈花小镇,其中很多古街的改造设计就体现了古建筑与现代建筑的融合。小镇中绝大多数民宿建筑均借鉴了明清时期古建筑的营造样式进行组合,但是作为商业运营,木质结构的耐久性、稳定性则不能满足日常功能要求,所以在建筑过程中也结合了现代工艺的加固措施,这样不仅保证了建筑的耐用性,而且也能够让人们在建筑空间中欣赏古建筑的美丽风光,感受古建筑所拥有的深厚文化底蕴(如图2-5、图2-6)。

图2-5　拈花小镇入口

图2-6　拈花小镇民宿建筑

2.3 数字虚拟技术在古建筑保护中的基本流程

数字虚拟技术在古建筑保护中优势巨大,尤其是对保护的实施过程与发展趋势都有着举足轻重的影响[31-35]。从技术层面看,数字虚拟技术目前主要包括三维扫描技术、几何建模技术、仿真渲染技术、三维打印技术及虚拟现实技术。这些方法共同构建了古建筑保护的数字可视化体系。在具体的运用中,它们既可以独立操作,也能够通过相互配合的方式共同完成各类展示成果。因此,在探索数字虚拟技术在古建筑保护中的应用方法之前,应先针对它们之间的应用流程,做好详细的归纳,明确好技术之间的搭配方式与相互之间的逻辑关系,这对古建筑保护方法的深入具有明确的指导意义。

在数字虚拟技术的实际应用中,首先应确立好古建筑保护的对象;之后,通过三维扫描技术获取古建筑室外部分和室内部分的点云数据;再通过几何建模技术对古建筑场景进行初步的调整与优化;同时也应当结合一定原始资料,对古建筑的尺寸数据及造型样式等各个环节进行仔细核对与修正工作。当建筑场景的各方面信息都准确无误后,再利用仿真渲染技术、三维打印技术以及虚拟现实技术,将建筑场景分别实现成3种模式的展示成果:其一,实现成为静态图形(静帧表现)或动态图像(动画表现);其二,实现成为实体打印模型;其三,实现成为沉浸式交互系统。这样就完成了整套基础流程(如图2-7)。

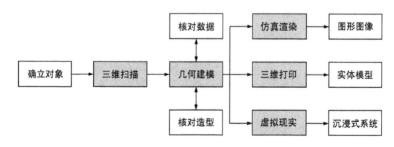

图 2-7　各类技术基本流程

通过以上基本流程不难发现,数字虚拟技术无论最终的展示成果如何,都离不开三维扫描与几何建模这两个环节。它们作为古建筑的场景数据获取与调整部分,在整个流程中扮演着至关重要的前期角色。尤其对于几何建模技术而言,它能够起到承前启后的作用,既可以为前面的三维扫描应用环节提供补充与修缮,又能够为后续的仿真渲染、三维打印以及虚拟现实的应用环节提供准确的模型参考。几何模型所建精度、质量以及模型的创建方法等,都势必会为最终的展示成果带来不一样的体验与感受,它是整个应用流程的成败关键。这就意味着一个古建筑保护数字虚拟技术作品很大程度上是取决于几何模型的优劣程度。此外,对于数字虚拟技术中的各部分技术应用而言,在针对不同的古建筑类型进行操作时,都会有不同的优化方法与细化方法,它们可以构成更加细致、微妙的子流程体系。同时,其相互之间也具有丰富的处理方法与紧密的内在联系,包括各种主次、层递、因果之间的衔接步骤与逻辑关系。这些内容在后续的章节中都会陆续探讨,并试图建立一套基于数字虚拟技术实现古建筑保护的最优方案。

三维扫描的关键应用方法

3.1 工作机制分析

三维扫描技术又称为实景复制技术,是 20 世纪 90 年代末出现的一种以激光扫描和扫描信息处理技术为核心的数据采集手段。它的问世,开创了便携式数据采集的新纪元。近年来,三维扫描仪的主要工作原理通常是基于计算机视觉理论去获取物体表面三维信息的摄影测量技术及遥感技术等,并将获取而来的空间三维信息转换为三维模型。它满足了文物考古领域非接触、高速度、高密度、全数字化的数据采集要求[36]。在短暂的发展过程中,三维扫描技术以迅猛速度,为考古发掘、古建筑测绘等文物保护领域提供了大量的技术支撑。对于古建筑保护而言,应当利用好这一新兴技术,为古建筑的数据采集获取准确的建筑信息。本章将以目前技术水平较高的三维扫描仪 Artec Ray 作为研究平台,对其在古建筑中的关键应用方法进行探讨。

3.1.1 系统构成

作为三维扫描技术的主要硬件设备,三维扫描仪的系统构成主要是通过三角测距原理来实现的[37-38]。本章节中主要以该类型的激光扫描仪作为主要硬件对象进行探讨。目前,绝大多数的三维扫描仪的系统构成,主要包括激光源、柱面镜和平面镜三部分(如图 3-1)。

三维扫描数据中所采用的坐标系往往是系统自定义的三维坐标系。一般情况下,坐标原点为激光束发射处;z 轴为设备的竖向扫描范围,且向上为正;x 轴为设备的横向扫描范围,且与 z 轴垂直,即垂直于物体所在方向;y 轴为设备的横向扫描范围,与 x 轴垂直,并与 x 轴、z 轴共同构成右手坐标系,

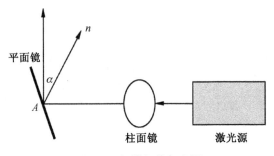

图 3-1　扫描机构与光源

其中,y 轴的正方向指向物体.若设激光束与平面镜的夹角为 α,平面镜与柱面镜的夹角为 β,激光束到目标的测量距离为 S,由此可以得到目标点的空间坐标公式为:

$$X = S \cdot \cos \alpha \cdot \cos \beta$$
$$Y = S \cdot \cos \alpha \cdot \cos \beta$$
$$Z = S \cdot \sin \alpha$$

3.1.2　点云获取

通常情况下,三维扫描仪使用激光来测量三维空间的几何信息和彩色的影像信息,主机至少配备 3 个可以交换使用的镜头,针对不同的测量范围和大小自动对焦.结合电荷耦合器件(CCD)与旋转滤镜来得到三维点云信息和彩色影像信息[39-41].三维扫描仪所产生的激光束,通过一个原柱透镜发射至被测对象表面,再由内置的 CCD 接受反射光线,随后使用三角测距法转换出距离信息.依据水平光条在目标表面的垂直移动而重复进行上述过程,以此得到关于被测对象的全部三维影像数据.简单地说,三维扫描仪实际上相当于一个高速测量的全站仪系统.传统的全站仪需要结合人工辅助与干预,才能够找寻到所需目标,并且每次只能测量一个目标点.而三维扫描仪主要通过自动控制,并针对被测对象,按照事先设置好的分辨率进行连续的数据采集和处理.就某一时刻而言,当三维扫描仪仅获取被测对象的单个目标点时,它的原理等同于全站仪的一维测距.不同的是,三维扫描仪能够在获取单个目标点后连续作业,并针对被测对象的表面,依次获取大量的扫描点,而这些特性是全站仪所不具备的.为此,人们常将三维扫描仪获取的扫描点的集合,称为"点云"或"距离影像",也称为"灰度图"(如图 3-2)。

图 3-2 古建筑的点云显示

点云在获取过程中,主要依靠三维扫描仪的分辨率作为采样间隔,以此描述被测对象的精细程度。在实际应用时,点云的获取需要根据对象的客观情况,事先设置好扫描的分辨率。由于古建筑的三维扫描属于线性扫描方式,扫描线的间隔和扫描线上点的间隔均按照扫描的入射角度来定义,间隔密度越高,扫描的采样密度越充分,形成的图元信息量则越多。同时,不同距离的被测对象,它的扫描采集间隔数量各不相同。距离扫描仪远的对象,它的精度往往较低,而距离扫描仪较近的对象,它的精度相对较高。

3.1.3 点云拼接

所谓点云拼接,就是将不同坐标系下的点云数据转换到大地坐标系或统一的坐标系中[42-45]。假设一个完整的古建筑被分成三块分别进行扫描,那么,对其拼接就是找到局部与局部之间的坐标关系,使其恢复成原来的初始状态。因此,拼接也可以被称为"配准"。一般来说,在三维扫描的管理软件中,空间内任意的两个三维坐标系的配准至少需要经过 9 次的变换。假设其中一个坐标系统不变,而另外一个坐标系需要分别沿 3 个坐标系进行平移,同时再围绕 3 个坐标轴进行旋转,在这 6 次变换中,前 3 次变换被称为坐标变换的坐标元素,而后 3 次变换则被称为坐标变换的角元素。由于三维扫描系统没有姿态测量功能,拼接实质上除了要具备坐标变换的坐标元素分量、角元素分量以外,还需要获得坐标变换的比例系数。在实际操作中,由于人们习惯使用大地坐标去描述被测目标的位置与空间属性等,因此扫描不同位置得到的模型最终都需要统一到大地坐标中来。模型之间的拼接在测量上被称为"相对定向",将完成相对定向后的拼接模型放置到大地坐标系中的工作在测量上则被称为"绝对定向"。

3.1.4 误差形成

三维扫描技术与传统的测量技术相比,虽然具有高效、快速、高精度的技术优点,但是在数据采集方面,它与其他的精密技术一样,也存在一定的精度问题。在采集三维数据的时候,它同样会受到各种客观因素的限制,再加上采集到的三维数据因数据处理的环节较多,极易受到各种人为和外部的干扰,使三维建模中数据配准的精确度受到一定程度的影响[46]。因此,为了获得高精度的初始数据,就必须对三维扫描的误差形成原因加以分析。目前,三维扫描技术中存在的误差可以分为内部误差与外部误差。内部误差可以通过一些改进、优化方法使之消除;而外部误差随环境而变,具有一定的不确定性。在具体的应用中出现的内部误差主要包括设备系统引起的误差、被测对象引起的误差及外界光照引起的误差这几种。

（1）设备系统引起的误差

因为三维扫描技术一次只能采集被测对象的一部分视角,因此想要获取被测对象完整的三维模型数据,就必须结合多点扫描的方式,针对被测对象开展多视角下的扫描工作。在具体的操作过程中,由于三维扫描仪的位置、距离、角度均发生了客观变化,使被测对象无法在统一的坐标系下进行扫描,从而导致在后续点云数据拼接的过程中出现一定的精度误差。

（2）被测对象引起的误差

在三维扫描过程中,由于被测对象的表面出现一定的起伏变化,三维点云数据的拼接精度也会因此形成一定的误差。这种误差与被测对象的表面平整度成正比,对象表面越平整,则扫描的精度越高;反之,则造成的扫描误差越大。

（3）外界光照引起的误差

当室外自然光线过于强烈的时候,三维扫描的精度同样会受到一定程度的影响。这是因为强烈的光线会在一定程度上影响三维扫描仪的投射光线,造成点云数据的三维坐标不够稳定,从而影响到三维扫描的点云数据精度。

3.2 工作流程设计

基于对三维扫描技术的工作原理进行分析,可以归纳出三维扫描需要通过点云获取与点云拼接的方式获得古建筑完整的初始数据。同时,在扫描过程中,应当密切注意尽量避免内部误差与外部误差的出现[47-49]。具体的应用方法如下:首先,应对被测对象进行现场勘察,针对现场的实际情况,编制好三维扫描的实时方案;其次,准备好三维扫描仪的架设工作,连接好电源,并设置好拼接所需的参照标靶等,根据被测对象的实际情况,进行扫描参数的相关设置,再按照扫描仪所指定的各个区域进行扫描,利用管理软件对扫描结果完成数据配准,并及时核查点云拼接后的结果;最后,当扫描确认无误后,对点云数据进行快速成型处理,将被测对象以文件的形式整体输出,从而完成三维扫描的整套工作流程(如图 3-3)。总体而言,三维扫描的工作阶段较为费时、复杂,工作人员既要能够从海量的点云数据中提取古建筑的有用信息,又需要具备相关管理软件的后期处理能力。

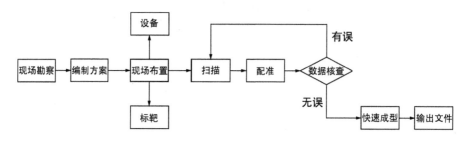

图 3-3　三维扫描工作流程

3.3 工作方法研究

三维扫描的呈现质量如何,其实很大程度上取决于对被测对象的现场布置环节以及针对扫描数据的核查环节[50]。这两部分虽然不是直接扫描的过程，但是它们对扫描获取点云的质量非常重要。一方面，它们能够为三维扫描的精准度提供可靠的前期基础；另一方面，也能够针对扫描结果及时核查，为后续提供利于快速成型的点云数据。为此，本节将围绕这两部分展开重点剖析，并以常州千灯古镇民居中的古戏台建筑为例，对其三维扫描技术的相关应用方法进行综合探讨。

3.3.1　配套准备

正式扫描前，应事先做好准备工作，包括现场勘察、方案编制、设备与标靶的准备等，以便于后续三维扫描工作的正式开展。

（1）现场勘察

通过到现场进行勘察，了解古建筑的现场情况，在勘察过程中，应密切注意已有控制点的实际位置、保存情况以及使用的可行性。考虑好大致的方案，根据被扫描对象的空间分布、形态和扫描需要的精度以及分辨率确定扫描站点的位置。根据已有的现场条件和扫描站点位置考虑扫描模型的拼接方式等，针对古建筑的各个细节做好文字记录与照片拍摄的相关工作。

（2）方案编制

扫描实施方案应该包括大地测量联测的方案，扫描站点的位置和扫描时的定向及定位方式，每个扫描站上扫描的目标和每个目标的扫描分辨率。实施方案还要包括扫描的工作流程、供给方案、人员配备及扫描施工组织。

（3）硬件设施

一般情况下，三维扫描仪无论白天还是晚上只要处于正常湿度区间和温度区间0℃～40℃均可工作。在三维扫描的过程中，扫描仪内外的工作温度实时显示在所连接计算机的管理软件界面上。在设备连续工作时，如果设备温度超出三维扫描仪容许温度区间，应立即停止扫描工作，待温度下降后再重新开始工作。三维扫描仪非常贵重，其内部配件均为非常精密的测量零件，在运输及搬运时，应注意轻拿轻放。采用车辆运输时，应用泡沫塑料或软布将设备与车辆隔开，以防止剧烈震动；采用飞机运输时，应在运输箱外明确张贴"精密仪器""不可倒置""防止跌落""轻拿轻放"等字样，以防止设备在运输过程中有所损坏。扫描仪运输箱内除三维扫描仪以外，还包括基座、控制器各 1 个,电源适配器组件 1 套,电源线、连接扫描仪和数据控制器的以太网数据线各 1 根。同时,还需准备三脚架 3 副,其中 1 副用于架设三维扫描仪,另外 2 副用于架设活动标靶,并注意中心螺旋与基座是否能够相互配套。除此之外,还要配备好活动标靶的组件,包括标靶、基座、基座连接装置各 2 个。并配置满足要求的便携式计算机 1 台。

(4) 供电设施

一般情况下,三维扫描仪会提供多种不同模式的供电方式。如果作业区域内能够提供 220 V 交流电,可根据需要准备长电缆;如果作业区域内不具备提供 220 V 交流电的条件,需要使用仪器配备的扫描仪电池进行作业时,应尽量保证有 2~3 块备用电池;另外,在不具备交流电或电池的情况下,也可以通过汽车电瓶及电瓶连接线的方式对扫描仪进行供电。

3.3.2 站点布置

为了更好地提高三维扫描的有效精度,应考虑好关于扫描设备与扫描标靶的站点分布情况。其中,设备的分布是为了获取不同区域的建筑信息,而标靶的分布是作为拼接时的参照点,通过参照点之间的捕捉、覆盖等处理手段,使拼接工作更加准确与流畅。因此,在三维扫描的作业过程中,既要考虑好相邻站点的扫描重叠度是否合适,也要考虑好标靶定位点的位置以及个数与精确度匹配问题,以确保三维扫描工作的顺利开展。

结合案例中的古戏台,从建筑的整体构造看,由于该建筑的横向跨度较大,可以每 2 个立面为一组分别进行站点设置(如图 3-4):首先,在 C_1、C_2、C_3 的位置分别设置 3 个站点架设三维扫描仪,且尽量保持与建筑的中心距离一致,并针对建筑的正立面和右侧立面进行扫描,同时将 C_1 与 C_2 的取景重叠度设置在 10% 以上,并保证重叠区域内至少有 3 个可供拼接的自然特征点,以避免后续点云拼接时出现数据遗漏或拼接不够准确等问题;其次,在布置 C_2 与 C_3 站点时,由于牵涉建筑不同朝向立面转折,因此需要在 T_1、T_2、T_3 的位置上分别设置 3 个球形标靶,使其不在同一直线上,且相互之间不互相遮挡,当 C_2 与 C_3 进行扫描时,应连带 T_1、T_2、T_3 位置上的 3 个标靶一起扫描,以作为相邻站点的公共控制点;最后,通过同样的方法在建筑的背立面与左侧立面进行站点布置。这样,案例的站点数量与标靶数量各为 6 个,通过相互配合的方式,就能够依次获取古戏台的全部建筑数据。此外,在站点布置时,在满足所需约束条件的情况下,也可以适当地增加标靶拼接点的数目,使场景中增加更多的参照目标,在利于及时发现各类扫描错误的同时,也能够极大地提高建筑的整体拼接精度。

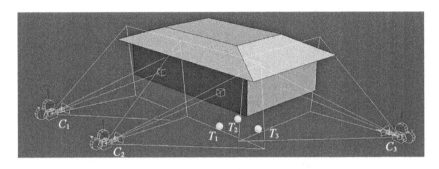

图 3-4　古戏台的站点分布

3.3.3　扫描设置

在扫描站点的布置任务完成以后,应及时启动便携式计算机中连接三维扫描仪的管理软件 Artec Studio。软件打开后,首先跳过"是否执行上次数据库"的选项,建立新的项目设定,并使扫描仪完成初始化。之后,打开整平检测功能,由于 Artec Studio 提供了双轴补偿装置,软件会通过呈现电子气泡的方式,让作业人员去检测三维扫描仪的水平状态。若电子气泡为黄色,则说明三维扫描仪的姿态不在容许的水平范围内,需要对三脚架的基座角螺进行适度调整,直到电子气泡显示为绿色为止(如图 3-5)。整平校正后,应在软件的外部环境模块中勾选扫描测量模块下的环境气压和温度值选项,系统会根据现场的温度和气压值自动计算出每次激光测距值的温度改正值和气压改正值,并以此开启点云数据的实时修正功能。最后,需要对扫描仪进行作业参数设置,可以根据扫描仪到被测对象的空间距离设置好适宜扫描的焦段及取景范围等,然后先设置中等扫描质量(采样精度为 5~10 mm),待到扫描预处理无误后,再开启高级扫描质量,并对被测对象开始正式扫描(采样精度为 3~5 mm)。这里需要注意的是,在扫描预处理阶段,管理软件会核查三维扫描仪与被测对象的实际距离是否能够满足相关参数下的作业要求,如果不在允许范围内,系统将自动关闭预处理;直到相关参数符合作业要求,才能完成扫描预览。

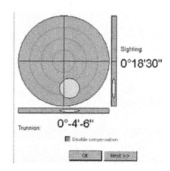

图 3-5　扫描仪的整平设置

3.3.4　配准处理

为了确保三维扫描作业内容的完整性,应尽量在现场对扫描得到的点云数据进行拼接,这样可以及时发现扫描过程中的遗漏与错误。根据扫描作业的布置方式,古戏台的点云拼接可以分为基于参照点拼接和基于标靶拼接两种方式。因此,需要在扫描之后,对获取的分站数据进行配准处理,以实现被测对象的数据完整性。

首先,对于基于参照点方式的拼接,选取管理软件中测站参考模式下的参照点拼接,并以 C_1 与 C_2 站点为例,将视图分成两个窗口,分别显示为参考窗与拼接窗。再将参考窗中的 C_1、C_2 点云数据依次拖拽至拼接窗中,在视图中捕捉参照点,并利用平移、旋转等方式将其进行拼接,再通过改进模式下的截取工具对 C_1、C_2 点的重合部分定义一个闭合区域,并单独建立文档显示,结合切片或采样工具对重合部分进行去除。其次,将消除了重合部分的点云数

图 3-6　第一次配准处理

据，装载至当前框架中，这样拼接后的结果就应用到管理软件的数据库中，并自动创建拼接后的测站组（如图3-6）。最后，对于基于标靶的拼接，应选取管理软件中测站参考模式下的标靶拼接，标靶的拼接包括自动和手动两种模式，以前面 C_1、C_2 站点的拼接结果与 C_3 站点为例，由于 C_2、C_3 站点中本身具备标靶的坐标信息，因此，先将各站点中的标靶坐标及个数在标靶编辑器中统一输入。之后，管理软件会在拼接窗中对先前的测站组与 C_3 进行自动拼接。观察自动拼接结果，如果需要对其进行调整，可以开启手动模式，利用平移、转折等方式进行局部微调，直到拼接结果理想为止，再将结果装载至当前框架中，完成 C_1、C_2、C_3 的总体测站建立（如图3-7）。

图3-7　第二次配准处理

3.3.5　快速成型

经过三维扫描后，得到的点云数据是包括了古戏台的纹理与三维深度坐标的集合，而快速成型的过程实际上是将这些数据合并并转换成线或面形式的三维模型的过程，所以将点云数据转换成三维模型便是点云拼接过程中的关键应用。通常情况下，快速成型包括滤除噪点、统一采样以及网格构建这3个操作环节。

（1）滤除噪点

三维扫描通过各个站点所获取而来的数据是原始的点云数据，是一个分布散乱的空间数据集合，在扫描的实际应用中，设备的抖动或光线及环境遮挡等，都会给扫描结果带来很多无用的点云数据，即噪点。噪点不仅会占用计算机较多的存储空间，而且在后续的点云拼接时，会造成计算机处理卡顿以及影响拼接的实际精度。对点云数据进行噪点去除的过程中，应在改变结构窗口大小的同时，结合建筑的阈值对点云数据进行调整。首先，读入点云数据文件,系统自动将各站点的三维坐标点分别存入软件的对应数组,并获取建筑的阈值。之后,开启管理软件中关于点云离散点腐蚀运算功能,将每个站点所获取的点云数据沿着搜索路线,依次对每个节点做一次访问。依次选取每个离散点作为结构的窗口中心,比较窗口内各点的高程,将其中最小的高程值设置为窗口内各点腐蚀后的高程参数。同时,选择每个离散点开启膨胀运算,并针对经过腐蚀后的点云数据用同样大小的结构窗口做膨胀,比较腐蚀后的高程值,将最大高程值设置为膨胀后的高程参数。当膨胀运算结束时,记录该点膨胀后的高程值与原始高程值,求出两值之差的绝对值,若计算结果小于或等于阈值,说明为建筑点云信息,否则为非建筑点云信息。最后,改变结构窗口的大小,再次做腐蚀膨胀运算,直至保留点个数之差的绝对值小于或等于临界值为止。如此逐步地去除整个场景中的各类非建筑数据。此外,在同等条件下,选取结构编辑中的圆形结构窗口对数据进行噪点去除,剔除的效果要比默认的矩形结构窗口更加理想。从程序的运行时间而言,默认的矩形结构窗口运行时间比圆形结构窗口的运行时间相对更短,但是矩形结构窗口在过滤过程中,容易使剔除噪点后的图像效果过渡不够自然,而圆形结构窗口与之相比,过滤后的图像痕迹显得相对自然。通常情况下,用圆形结构窗口滤除噪点迭代 3 次以后,基本可以达到比较理想的实际效果(如图 3-8、图 3-9)。

图 3-8　去噪后的图像 I

从去噪后的图像可以看出,在靠近古戏台主体的植物信息被滤除干净的同时,一些建筑主体与植物交界的区域,也会被滤除一定的细节,形成一定的空洞现象。但是,总体而言,利用这种方法还是可以有效得到比较完整且相对独立的建筑主体数据的。

(2)统一采样

由于三维扫描仪采用了分站式扫描,相邻站点之间虽然在配准阶段进行了一定的处理,但是仍然存在一定重叠的扫描信息,这些信息也会形成各类

重复的冗余数据,并对计
算机运行速度造成影响。
此外,作为同一被测对象
的不同部分,因为离扫描
仪镜头的距离各不相同,
在实际扫描后也会对点云
的密度造成影响。一般情
况下,随着扫描距离的增
加,数据点的密度在扫描
时会减小。因此,有必要

图3-9　去噪后的图像Ⅱ

在不影响数据精度的情况下,对建筑的各个朝向进行精度统计,并求出平均
值,将平均值作为阈值输入采样编辑器中,软件会根据输入值,对整个场景的
点云数据进行重新自适应采样处理,使处理后的建筑面片在转折关系上显得
更加自然。同时,重新采样后的点云数据也将使计算机的运算效率有所
提高。

（3）网格构建

网格构建就是关于点云数据的修补过程,由于三维扫描仪得到的点云数
据是由空间离散点所构成的,这些点并不是真实的模型实体,为此需要借助
管理软件中的特殊算法,恢复模型表面的拓扑结构,使整体建筑呈现出一种
光滑的实体效果。此外,在数据采集的过程中,由于建筑外形存在相互遮挡
的现象,使建筑的部分数据有所遗漏,并形成空洞,因此,在快速成型的最后

阶段应通过以下步骤对其
——修补,使古戏台的三
维模型能够得到充分表
达。首先,依次选择需要
建立实体模型的物体表
面,开启物体属性编辑中
的网格创建,再通过改进
模式下的截取等工具,对
物体的表面进行适当取

图3-10　网格构建后的图像Ⅰ

舍,去掉不需要或结构不够清晰的部位;其次,结合移动、复制及镜像等工具对一些高度对称的缺损部位进行适当修补,并及时开启采样融合,对修补区域的点云数据重新进行加载,确保整体模型修补无误后,可以利用改进模式下的松弛工具,对建筑转折不够自然的区域进行一定的圆滑处理;最后,将古戏台建筑模型整体选择,开启网格匹配将其转换为实体模型(如图 3-10、图 3-11)。

图 3-11 网格构建后的图像 Ⅱ

3.3.6 格式输出

当三维扫描的实体模型创建后,可以将其转换为各类计算机图形图像软件所支持的数据格式。目前,Artec Studio 能够提供多种 3D 文件格式,主要包括 3ds、dwg、fbx、vrml、obj、stp、stl、ply、ascll、ive、ptx、osg 等。这些格式能够起到支持不同的图形图像软件跨平台通用的作用。例如 3ds、obj 格式能够支持 3ds Max、Maya 等主流建模软件进行几何建模;stp、stl 格式能够支持 AutoCAD 等工程制图软件进行施工图纸绘制;obj、stl 格式也能够支持 MakerBot Desktop 等三维打印软件将其转换为支持三维打印的工程文件;而 fbx、vrml、ive 格式能够支持 Unity3D、Unreal Engine 等虚拟现实软件将其转换为能够实现动态交互的工程文件。在这些不同的转换过程中,应用度较高且稳定性较为理想的应为三维扫描的 3ds 与 obj 格式,它们基本能够支持绝大多数的建模软件。这是因为三维扫描的数据相对建模软件所实现的数据而言,显得较为冗余;同时面片的呈现方式也需要经过建模软件大量的细化及优化处理,才能更好地在仿真渲染、三维打印及虚拟现实等各个方面综合应用。结合本例场景,将其转换输出为 3ds 格式,同时在转换编辑栏中,勾选可保持网格纹理坐标选项、运行超过 64 K,导出质量设置为高质量。这样,可以将古戏台的相关数据转换成适合各类建模软件运行的通用类数据。

4 几何建模的关键应用方法

4.1 工作机制分析

几何建模技术与三维扫描技术相比,其发展历程更加久远。它是20世纪70年代中期发展起来的,是一种通过计算机表示、控制、分析及输出的几何模型创建技术。几何建模技术不仅能够表现现实世界存在的真实对象,而且还能够表现人们想象的虚构对象,并通过计算机或者其他视频设备进行呈现[51-52]。任何物理空间中能够表示的三维对象,都可以借助几何建模技术对其进行创建。一般情况下,几何建模的过程通常以几何信息的形式进行构建,并通过欧氏空间中的位置、形状、大小对各种对象进行描述。其中,最基本的几何元素为点、线、面。它们之间相互连接的几何关系共同构成了几何建模中的拓扑结构。目前,几何建模技术在数字虚拟技术中应用非常广泛,任何三维图形图像软件都是围绕几何建模技术进行开发与拓展的。因此,在江苏古建筑保护事业中,可以断言,几何建模技术是整个数字可视研发过程中具有关键性与和核心性的重要内容。合理地掌握好几何建模技术,不仅能够为前期三维扫描所获取的数据进行细化、优化途径,而且还能够为后续的仿真渲染、三维打印、虚拟现实等各类技术应用提供必要的前期保障与技术支撑等。随着图形图像建模软件与硬件水平的不断发展,几何建模技术在各种数字可视化领域的应用非常广泛,并衍生出很多主流的建模技术,主要包括复合对象建模、多边形建模、曲面建模以及面片建模等各类建模方法。这些不同的建模方法都可以在古建筑几何建模的实际过程中以灵活搭配、自由组合的方式进行综合应用。本章将以目前技术水平较高的几何建模软件 3ds Max 作为研究平台,对其在古建筑中的关键应用方法进行探讨。

4.1.1 复合对象建模

复合对象(Compound Object)建模是一种很特殊的建模方式,只适用于很小的一部分模型类型[53-55]。它不仅可以简化复杂模型的建模过程,而且还可以用于模型的细节刻画。在使用复合对象进行建模时,需要运用几何体或者二维线。它的建模方式并不是直接针对模型进行实体创建,而是需要先建立两个或多个对象以后,再通过对象之间进行的若干编辑,使其产生变化,从而使多个对象组合成某个单个对象的过程。因此,使用复合对象建模的首要原则是场景中必须存在若干对象。目前,复合对象常用的建模原理主要是基于组合、变形、散布、连接、布尔、放样、图形合并等对模型进行修改,利用不同对象之间的共性去创建几何模型。

(1) 组合复合对象

组合复合对象是最基本的复合对象建模方式,主要将两个及以上的对象,利用移动、旋转的基本手段进行拼接及组合。组合后的新模型从外形上看似是一个整体,但是实际上仍为若干独立对象,且不同对象之间存在一定面片重合及交错的现象。

(2) 变形复合对象

变形复合对象非常类似于二维动画中动画变形的过程,它通过插补对象的一个顶点,使其与另外一个对象的顶点位置、数量相符。其中,原始对象被称为种子或基础对象,种子对象变形的参考对象被称为目标对象。在种子对象变形至目标对象的过程中,可以通过关键帧记录的方式,观察单位时间内种子对象变形的全部过程;同时也可以在种子对象变形的过程中截取任意时刻所需要的模型,并利用变形修改器进行晶格调整,使其达到较理想的变形程度。

(3) 散布复合对象

散布复合对象是复合对象的一种形式,大多数图形图像建模软件基本上都支持以下两种类型的散布运算方式:一是将所选的对象散布为阵列,该方式与进行对象阵列的原理相仿,其优势在于可以随时修正相应参数,如位置、大小、方向等,而对象阵列只能在创建时确定参数;二是将源对象散布到分布对象的表面,并与表面进行一定的融合计算,生成新的模型样式。

(4)连接复合对象

连接复合对象是将两个或多个对象表面进行连接的过程,但是在连接之前,各对象必须有缺损的面片,且面片的顶点数量一致,不同对象的缺损部位应当面对面放置,这样在执行连接的时候,才能够将各个缺损部位进行有效联立。此外,复合对象经过连接之后,可以对连接部位的段数进行设置,并对其位置、大小、方向等利用网格编辑功能进行灵活调整,直到达到相应的建模要求(如图4-1)。

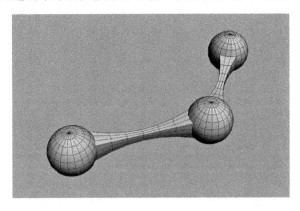

图 4-1　连接复合对象

(5)布尔复合对象

布尔复合对象是通过对两个及以上的对象进行并集、差集、交集的运算,从而得到新的模型形态。目前,布尔运算包括了并集、交集、差集($A-B$或$B-A$)3种运算方式。其中,并集是将两个对象进行合并联立,且相交的部分会被删除;交集是将两个对象相交的部分保留下来,删除不相交部分;而差集运算是在整个布尔运算中应用度最高的一种运算,通常情况下,它可以分为两种方式进行描述,前者 $A-B$ 是关于保留对象 A,从对象 A 中去掉对象 B,以创建剩余体积,而后者 $B-A$ 则是保留对象 B,从对象 B 减去对象 A,以创建剩余体积(如图4-2)。

(6)放样复合对象

放样复合对象是利用一个几何图形作为截面,

图 4-2　布尔复合对象

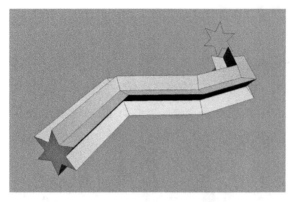

图4-3 非封闭式路径放样

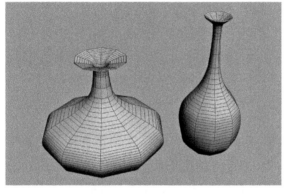

图4-4 封闭式路径放样

沿着某一段路径轨迹进行位移，在位移过程中，截面会由面产生体积，而这个体积就是复合对象所联立出的新模型。一般情况下，放样复合对象可以同时拥有一个或多个几何图形作为截面参与放样，但是路径只能是一条封闭或非封闭的轨迹。当某一截面沿着非封闭式路径生成模型时，模型的法线朝向往往在对象的生成窗口垂直向外（如图4-3）；当截面沿着封闭式路径进行放样时，只有将截面沿着逆时针方向进行放样，才能确保生成后的模型法线朝向垂直向外（如图4-4）。

（7）图形合并复合对象

图形合并复合对象是以几何模型与几何图形为运算对象，利用几何图形的轮廓投射在几何模型的表面上，从而生成更加复杂的面片轮廓，以此创建出新的模型。图形合并复合对象常针对一些无法直接加线的曲面表面，例如曲面上的特殊纹理、曲面上需要进行挤出或凹陷的截面图形等。虽然图形合并对于几何模型的加线效率较高，但是它对几何模型的段数设置有一定要求。只有当模型具备足够的段数时，图形合并后的模型才能具备准确的联立效果。

4.1.2 多边形建模

多边形（Polygon）建模是整个几何建模中最为常见的方式之一。它可以将任意的几何模型转换成可编辑多边形模式,然后通过多边形模式中的各种子元素对模型进行编辑或调整,以此实现几何建模的过程[56]。多边形建模囊括了顶点、边界、边界环、面片以及体块 5 个子元素,与其他建模方式相比,具备了操作灵活、易于修改的实际特点(如图 4-5)。在利用多边形建模创建模型时,人们可以通过子元素编辑,对各类对象的点、线、面进行精细建模,通过增加或改变点、线、面的排布方式,使模型结构产生关于位置、大小、方向上的各类变化[57-59]。而多边形建模正是基于这一理论,从而能够将简单的几何图形变成较为复杂的模型样式。与复合对象建模方式相比,多边形建模的应用程序更加系统化、科学化,需要对空间坐标有比较深刻的认识,能够客观地依据对象的特点,将多边形的各个子元素调整至正确的坐标上。此外,多边形建模除了提供关于结构方面的创建功能外,

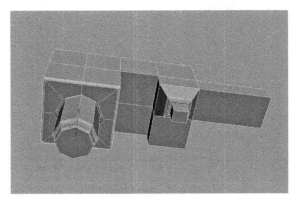

图 4-5　多边形建模过程

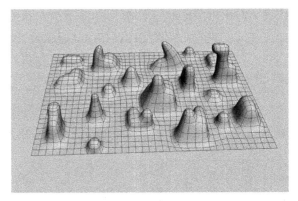

图 4-6　多边形下的曲面细分

还提供了多种途径的曲面细分(Use NURBS Subdivision),能够快速地将多边形的直边面进行柔化处理,使之呈现较光滑的曲面效果,从而增加了更真实、更精致的细节(如图 4-6)。

4.1.3　曲面建模

曲面(NURBS)建模是几何建模中另一种高级的建模方式,它主要被用

于曲线或曲面建模当中。曲面建模主要包括了顶点、边界、面片 3 个子元素，并服务于模型的控制及调整过程[60-61]。在利用该方式创建模型时，可以将任意的几何模型转换为曲面模式进行创建，也可以直接利用曲面模式中的基本素材直接创建模型，并通过各类修改工具对模型细节进行修饰（如图 4-7）。与多边形建模相比，曲面建模中最突出的优势是它的曲线编辑功能，可以将任意线条转换成曲面编辑下的线条，并利用相关操作方式对其形态进行调整，同时受到的限制相对

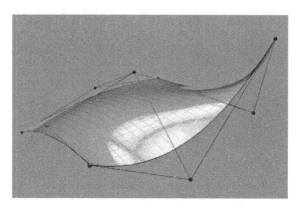

图 4-7　曲面建模过程

较少，建模过程也显得更加直观与方便。但是曲面建模也存在一定的缺陷，由于它的模型网格是固定格式的，非常不利于材质贴图的制作与展开；同时曲面建模创建的几何模型的拓扑运算量较大，极易影响后续渲染效率。

4.1.4　面片建模

面片（Patch/Surface）建模与前面几种建模方式相比，编辑功能相对较少，它主要通过添加三角面、矩形面的方式对模型进行构建，并配合焊接对已构线框实时绑定[62]。建模需要操作者具有较强的空间意识和空间感，对模型的结构要有深刻的把握能力。

它的建模过程一般是先创建出模型的结构线框（如图 4-8），建立基本面片后进入顶点层级，将顶点对齐线框，再在边界层

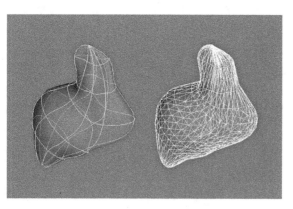

图 4-8　面片建模过程

级下,选择某一边界,在其伸展方向上生成面片,之后重复这样的操作将全部线框转换为几何模型,最后再进行局部调整。面片建模是一种介于曲面建模和多边形建模之间的建模方式,其优点是可以很方便地将初始模型转换为可编辑的多边形;缺点是操作灵活性一般,模型建立的优劣程度完全取决于事先的规划和初始阶段的线框架构,建模过程缺乏直观体验,同时操作自由度受到较多限制。

4.1.5　模型的关联性

作为数字虚拟技术应用的基本建模形式,几何建模技术其实就是关于对象形体描述和呈现的过程[63]。在这个具体的过程中,几何建模所创建的每一个元素,以及不同元素之间构成的每一个组合,它们彼此之间都存在着一定的关联性,而这种关联性又能够为后续的仿真渲染、三维打印及虚拟现实等各类技术的研发过程提供至关重要的关于层次化、模块化的种种操作可能。通常情况下,几何模型的内部关联性主要包括模型的层次关联与属主关联。

（1）层次关联

模型的层次关联主要以树形结构对其组织结构进行表达,非常适合运动继承关系的表述。在此类模型的构建中,高层次建模运动轨迹作为父级对象,而低层次建模运动轨迹作为子级对象,前者与后者具有向下继承关系,前者的改变将会直接影响后者的相关变化。例如,在模拟地震的虚拟现实过程中,古建筑的某一立柱产生运动形变,导致古建筑的横梁也连带发生倒塌现象。同理,由于横梁产生倒塌的运动轨迹,横梁上的驼峰、檩条、襻间、脊瓜柱以及椽桷等各类细小的建筑构件,它们的位置、形状、方向等也都会随之发生一系列的变化。

（2）属主关联

模型的属主关联主要是指为同一种类对象创建统一的属主关系,并使同一类对象拥有同一个属主指令。属主包括整套对象的详细结构,当创建一个属主实例时,仅需要将其余的对象进行指针复制即可。这样,场景中的每一个对象实例都是一个独立的顶点,也能够拥有自己独立的方位变化矩阵。以古建筑室内空间中的圈椅家具为例,由于圈椅的各条椅腿都具有相同的造型结构,因此,在创建主属实例后,仅需要对其中一条椅腿进行关于位置、形状及方向上的修改,就能使其余的各条椅腿发生与之一样的变化。

4.1.6　几何分割

把某一几何模型分割成更小的"世界"或"单元"的过程被称作模型的几何分割。只有作为当前单元的对象才会被精细表现,通过这样的方式可以极大地减少几何模型的复杂性[64-65]。对于一些对象种类丰富的模型场景而言,几何分割是十分必要的。通过分割,模型数据可以从冗余到简约,形成一系列不同等级的多细节层次(Levels of Detail,LOD),并依据视点的远近程度,将不同等级的 LOD 相互切换使用,保证观察者在不同角度和视线范围内能够自然地对几何模型进行观察及操作。LOD 应当遵循的特性是,视点距离模型越近时,模型越需要精细展示;中距离的观摩可以适当地采用面片适中的精简模型;而远距离的模型则采用简模或者简模结合图像的方式,对几何模型进行替代。

4.2　工作流程设计

基于对几何建模的相关工作原理的梳理,可以归纳出不同的处理手段或以综合运用的手段将几何模型加以完善。结合古建筑的实际特点,大多数古建筑单体都包含了瓦面层、梁架层、斗拱层、柱础层及装饰层等多种建筑层级[66-67]。因此,在制作中需要系统地规划相关流程,以避免几何建模的头绪过多而导致的建模效率低下,或者无法准确表现出建筑各细节等不利现象的发生。几何建模的总体流程类似于绘画创作,应从整体到局部、由外向内、自下而上地对建筑的各个界面、相应细节等进行创建,这样才能确保建筑造型、比例及相关结构的准确性。具体操作流程如下所述:首先,应参考建筑的原始数据,包括三维扫描获取的网格模型及相关数据资料等,在此基础上确定好古建筑的平面布局,将布局导入三维图形图像建模软件;其次,针对古建筑的主体结构与界面进行创建,并确立与完善好门洞、窗洞的几何结构;再次,针对建筑顶部进行创建,完善屋面的结构造型;最后,针对各界面的门窗、斗拱、脊兽等构件深入完善,利用相应技术手段对建筑中存在的冗余数据进行优化处理,进一步实现理想且简约的数据模型,从而完成整套建模应用流程(如图 4-9)。

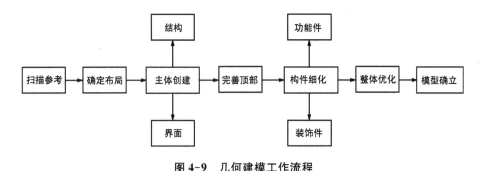

图 4-9　几何建模工作流程

4.3　工作方法研究

几何建模的流程确立以后,应按照相关流程思考具体的几何建模步骤与方法。由于几何建模的工作非常系统,同时模型的样式及构件类型相对烦琐,应当在不影响模型精度的同时,找寻一种相对简化、高效的几何建模思路。一个高质量的模型并不是仅依靠对其加以高级指令,或对其运用较复杂的编辑功能就能够得以实现,而是需要在建筑样式吻合的基础上,通过准确的面片分布、合理的模型布线以及理想的优化方式对模型进行创建,使模型的面片法线正确,结构咬合关系自然以及符合后续各类数字虚拟技术数据通用的基本要求[68]。这也意味着在创建模型的过程中,不仅需要操作者具备良好的建模应用能力,而且还需要理清建模对象、建模方法以及优化方法之间的内在联系,并在建模过程中积极思考。作为几何建模的工作方法研究,本节将以南京明故宫的门殿为例,对其建模的各个环节展开相应的技术实施与分析,从而挖掘出理想的几何建模思路。

4.3.1 布局分析

明故宫的门殿为单体建筑,布局坐北朝南,中轴对称,面阔三间,内部共有立柱 24 根,且部分立柱被墙体局部衔接,门殿屋顶为单层歇山样式,屋面下方配有斗拱,建筑下方筑有台基,台基中间及两侧均配有 10 级台阶,呈现出典型的明朝官式建筑风格(如图 4-10)。基于该建筑的实际特点,在建模前,可以将其主体确认为建筑结构系统与建筑界面系统两个部分:前者主要包括建筑的台基、立柱、梁架及斗拱等相关承重或支撑构件;后者主要包括建筑中的各个立面,如山墙、门窗、屋面等。这两部分占据了该建筑的主要体量。因此,只要抓住以上两部分的样式、结构进行建模,就能够抓住此建筑的主要特征。

图 4-10   明故宫门殿全景

4.3.2 主体的创建

对于建筑的主体的基本尺寸,可以通过三维扫描获取相应的建筑信息。三维扫描的模型虽然为网格模型,但是模型面片大多为三角面片,并不利于后续仿真渲染、三维打印及虚拟现实的模型应用[69-70]。因此,它在几何建模环节仅应作为模型细化与优化的尺寸与样式的参考信息,通过建模软件对其测量,能够获取准确的尺寸信息。同时,从平面、立面等各个视图对明故宫门殿的主体部分进行系统测量与创建。作为门殿的主要特征的重要组成部分,结构系统在建筑的几何建模中显得极为重要。结构系统能够创建完善,可以标志着建筑的主要体块的建立。在古建筑结构系统中,最有代表性的,且最应先行创建的结构系统构件为门殿的台基、立柱及梁架 3 类构件。因为只有当它们创建完善后,才可以对建筑的整体布局有比较直观的认识。同时也可以通过连接横梁、搭建墙体及衔接屋面的方式,将建筑样式整体确立。在具体的应用中,可以同时打开两套 3ds Max 程序,一套用于三维扫描数据的测量工作,而另一套根据测量结果进行模型创建工作。

(1) 台基的创建

结合本例中的门殿,通过以下步骤完成台基模型的几何创建:首先,通过标准基本体下的盒体元素(Box)创建台基的模型尺寸,为 2 700 cm(长)×1 550 cm(宽)×120 cm(高),利用二维线完成 10 级台阶的截面创建,并按照实际距离放样为几何模型;其次,通过类似方法,再利用二维线配合放样创建梯带,通过复制的方式,在台阶的左右部分分别放置 4 个梯带,通过联立计算与台阶进行融合衔接,并以此将台阶平均分为 3 个部分;最后,在台阶中心区域创建陛石体块,并将其与台阶、梯带附加成整体,沿 y 轴镜像,使台基南北两侧分别筑有台阶(如图 4-11)。

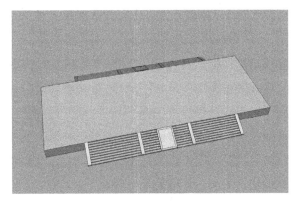

图 4-11 台基的模型建立

(2) 立柱的创建

台基完成后,应及时在台基顶部创建立柱并对其进行整体分布,通过以下步骤实现创建过程:首先,创建直径为 45 cm 的圆形截面,设置步数 2~3 步为宜,将其放样为高度 520 cm 的几何模型,再利用类似方法建立直径 65 cm、高度 35 cm 的柱础,将其与两类柱体进行桥接联立;其次,将立柱单体沿 x 轴复制 6 根立柱,以中间 4 根为基准,确保柱心距为 600 cm,而东西两侧立柱与邻近立柱的柱心距为 400 cm;再次,将已完成的 6 根立柱附加成整体,

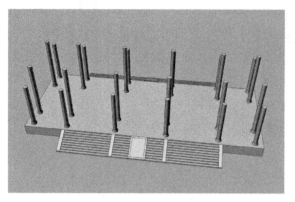

图 4-12　立柱的模型建立

沿 y 轴整体依次复制 3 次，且柱心距分别为 210 cm、580 cm、210 cm；最后，在已创建的 24 根立柱中，选择居中的 12 根立柱，将其柱体高度统一改为 660 cm，同时将全部立柱附加成整体，并将其居中放置于台基之上（如图 4-12）。

（3）梁架的创建

在完成立柱的基础上，可以对立柱之间进行梁架模型的构建。相较于柱体模型而言，梁架模型的结构关系更加系统，创建工作也更为复杂。一般情况下，由于建筑室内顶部遮挡关系相对严重，且古建筑空间的采光程度欠佳，在前期的三维扫描时，难以获取到比较全面的建筑构件信息。这也意味着需要在几何建模的环节总结规律，并对梁架部分进行系统创建，其创建的手段应以适当概括提炼为主，确保通过梁架的构建，能够对屋顶的坡度形成提供有效帮助。通过对本例梁架进行观察可知，其结构方式为抬梁式样，立柱的纵向与横向之间需要通过不同规格的连梁、瓜柱、连枋、檩条进行连接及实现结构攀升关系。具体创建过程如下：首先，创建抱头梁，设置其截面长、宽尺寸分别为50 cm、45 cm，将其放样为距离 210 cm 的几何模型，复制 12 根以用于南北两侧短间距柱体的连接；其次，通过同样方式创建 6 根截面相同，放样距离为 620 cm 的几何模型作为五架梁，并复制 6 根用于中间两排长间距柱体的

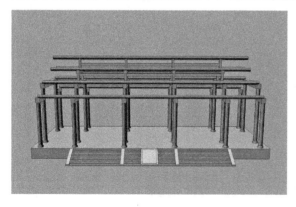

图 4-13　梁架的模型建立 Ⅰ

连接;之后,在每根五架梁的两端分别创建截面长、宽各为 50 cm、45 cm,放样距离为 130 cm 的瓜柱模型,并使瓜柱之间的间距为 230 cm;再次,在每根五架梁上的瓜柱之间创建截面长、宽各为 40 cm、30 cm,放样距离为 330 cm 的三架梁模型,并在每根三架梁中心位置放置单根瓜柱作为梁架系统顶部的脊瓜柱;最后,在每列瓜柱之间横向连接方形连枋,设置其截面长、宽为 30 cm,同时在东西两侧的抱头梁梁端、五架梁两端、三架梁的两端以及脊瓜柱顶端,自下而上横向连接截面直径为 42 cm 的檩条模型 4 组,设置下面 2 组的横向整体距离为 2 650 cm,设置上面 2 组的横向整体距离为 2 500 cm。这样,通过一系列类似的处理手段,可以提炼出梁架的构成规律,并依次完成梁架模型的主体创建工作(如图4-13、图4-14)。

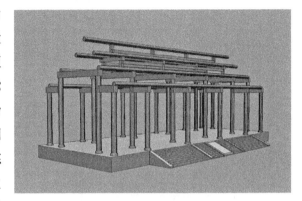

图 4-14　梁架的模型建立 Ⅱ

（4）界面的创建

建筑的界面主要为建筑墙体与檐枋两部分,其中墙体包括建筑的南北朝向的外墙和东西朝向的山墙,而檐枋则包括撑拱等相应细节。在具体的制作环节中,需要结合立柱的总体布局对其加以完善,同时需要预留门窗的洞口位置,便于后续模型深入。本例中的门殿样式为左右对称、前后非对称样式,因此需要利用柱体之间的布局,通过若干步骤对门殿的界面进行创建:首先,完成落地墙体的创建,由于建筑的山墙、横向短间距的两柱之间、北侧中部的纵向两柱之间均为落地墙体,可以通过捕捉柱心的创建方式,依次建立厚度为 20 cm、高度为 520 cm 的连接墙体共计 8 片;其次,自南向北,横向连接第二行中部的四柱之间、第三行中部的两柱之间以及最后行除中间两柱及落地墙体之外的柱体之间,利用捕捉柱心的创建方式建立厚度为 20 cm、高度为 140 cm 的连接墙共计 6 片,并将其与落地墙体顶部对齐,以确保悬空部分为预留的门洞位置;再次,将剩余未连接的横向立柱之间,以及前两行东西两

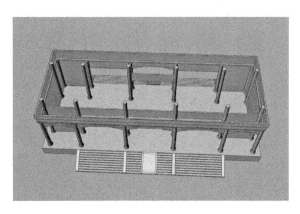

图 4-15　界面的模型建立 I

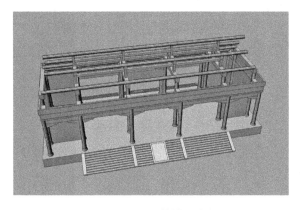

图 4-16　界面的模型建立 II

侧纵向立柱之间,用相同方法创建厚度为 15 cm、高度为 70 cm 的檐枋,将其与其他墙体顶部对齐,同时利用样条线下的贝赛尔(Bezier)曲线调节功能绘制出檐枋与立柱转角之间的撑拱截面,设置放样距离为 100 cm,并将撑拱的顶部与檐枋的底部进行对齐;最后,延长檐枋的局部结构,便于与后续的屋檐模型进行衔接,通过在已建的檐枋上表面连续建立三层结构,设置厚度分别为 25 cm、15 cm、20 cm,设置高度分别为 15 cm、65 cm、60 cm,并将其与第一层檐枋全部附加为整体,以此完成主体界面的全部创建工作(如图 4-15、图 4-16)。

4.3.3　顶部的创建

门殿的屋顶是整个建筑中最复杂的主体部分,主要由屋檐上表面的瓦片、正脊、垂脊、戗脊、歇山脊,以及屋檐下表面的大量檐椽排列构成,其构件种类丰富,整体体量巨大。因此,需要一次性构建完整,避免模型的反复修改导致造型不够准确以及建模效率低下的现象发生。在具体的创建方式上,可以按照屋檐的基本结构、上表面结构、下表面结构的顺序先后进行几何模型创建。

（1）基本结构的创建

屋檐的基本结构主要为屋面的大体造型,它的几何准确程度将影响后续的各个构件的排列与摆放关系。结合门殿的屋檐样式,主要为单层歇山样式,且屋檐四角均有起翘之势,这也意味着在建模方法上需要利用多边形建模对其基本结构进行创建:首先,在场景中建立平面,设置长、宽各为3 150 cm、1 350 cm,设置横向段数为4,纵向段数为1,并将其转换为可编辑多边形;其次,切换多边形下面片模式,将该模型整体选择,利用插入功能将面片依次偏移4次,设置每次插入数值分别为60 cm、65 cm、70 cm、140 cm,以此形成新的面片网格;再次,将模型居中的8个面片分离,进入边界模式,将分离面片中间的分段线整体沿 z 轴向上移动280 cm,同时将未分离面片由内向外,依次选择因插入所形成的环形轮廓及外轮廓,每次选择后沿 z 轴分别降低75 cm、100 cm、120 cm、100 cm,以形成檐口起翘式样;最后,将分离面片与未分离面片附加,在顶点模式下将其顶点全部焊接,在边界环模式下将东西两侧的三角几何形面片封口,完善歇山式墙面的处理,并将屋檐壳化处理,设置内部量为5 cm,完成屋檐的总体创建(如图4-17)。这样仅通过简洁的多边形布线,并配合点、线等灵活调整的方式就能够高效完成门殿屋檐的基本创建工作。

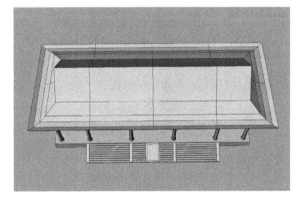

图 4-17 屋檐基本结构的建立

(2)上表面结构的创建

屋檐的上表面结构,在建模时应抓住正脊、垂脊、戗脊、歇山脊等主要结构,只有将其创建及定位后,才便于完善后续各脊之间的瓦片。屋面的上表面结构主要通过以下方法实现:首先,创建正脊截面,设置长、宽各为34 cm、30 cm,通过样条线顶点模式对其加点,利用新增顶点调整出上下两端略大、中部凹陷的样式,将其放样为距离2 550 cm 的几何模型,同时转换为可编辑多边形,利用边界模式下连接功能对其中部平均布线若干,以便后续调整;其次,将正脊模型进行复制,作为垂脊创建的前期模型,依据前期布线情况及屋顶双坡的曲面幅度,利用多边形下顶点模式进行综合调整,将其各个顶点贴于所建屋檐的上表面,将垂脊沿 x 轴、y 轴镜像复制,并将应用后的 4 个模型放置于各个垂脊所在的实际位置;再次,利用相同方法,复制垂脊作为戗脊或歇山脊前期模型,对其结构关系及大小等进行综合调整,并将其依次分别摆放于所在位置;最后,创建瓦片截面,确保截面直径 7 cm,并通过放样及可编辑多边形下的相关指令对其综合调整,由于瓦片的实际数量过多,若以单片为单位进行创建,会对计算机造成大量的冗余数据,因此这里可以通过以每列瓦片为单位,对其整体建模,同时按照每列瓦片之间的结构起伏变化,对其整体造型进行相应的复制、联立计算及调整等(如图 4-18)。

图 4-18　屋檐上表面结构的建立

(3)下表面结构的创建

屋檐的下表面主要由大量檐椽组成,单体构造较为简单,且排放整齐、规律。在具体的建模过程中,应通过单独创建及阵列复制的方式对其进行创建。具体应用方法如下:首先,创建矩形截面,设置长、宽各为 12 cm、10 cm,将其放样为距离 180 cm 的几何模型,作为檐椽单体模型;其次,将檐椽模型复制,上下拼接,错位摆放,设置错位距离为 45 cm,将复制前后的两个模型附加成整体,将其适当旋转角度,并贴于屋檐下表面;再次,打开阵列工具,将附加后的檐椽模型再次沿 x 轴、y 轴分别阵列,确保间距为 18 cm,其复制数量以能够覆盖屋檐

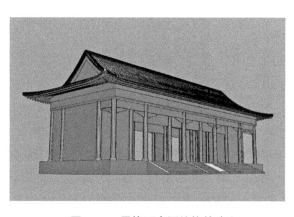

图 4-19　屋檐下表面结构的建立

的悬挑部分为宜;最后,删
除阵列复制所形成的各类
局部重合及交错的单体模
型,针对阵列复制不够理
想的区域进行关于长度、
方向、角度等的局部调整,
以完成屋檐下表面结构的
创建工作(如图4-19、图
4-20)。

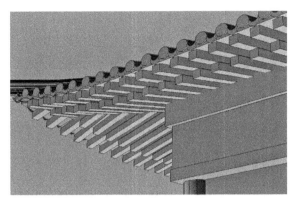

图4-20 屋檐下表面的构件细节

4.3.4 模型细化

当建筑主体结构及屋檐完善后,建筑的主要轮廓基本确立,可以针对建筑的功能构件及装饰构件进行细化。通常情况下,功能构件包括界面中的门窗、檐枋外部的斗拱等构件,装饰构件包括屋檐上的各类脊兽、套兽等构件。这一部分的建模工作,为了突出模型的精致性,需要结合更多的高级指令对其进行编辑与创建,以实现模型丰富的细节层级感。

(1)门扇的细化

由于门殿属于仪门类型的单体建筑,且场景门窗为一体化式样,所以将其统称为门扇,在建模时仅需要完成门扇及其表面的镂空格栅创建工作即可:首先,创建矩形截面,设置长、宽各为570 cm、25 cm,将其放样为距离25 cm的几何模型作为门槛模型;其次,创建门框截面,设置长、宽各为350 cm、95 cm,利用样条线将矩形偏移5 cm,单独绘制分割框两处,设置长、宽各为85 cm、5 cm,将两处分割框与门框进行居中附加;之后,调整附加以后的分割间距分别为35 cm、240 cm、55 cm,利用样条线下修剪、顶点焊接等功能使其联立为整体截面,并放样为距离5 cm的几何模型,再通过多边形编辑对其边界进行倒角,以增加相应的细节;再次,从上向下捕捉创建前两组镂空矩形,并将其偏移2 cm,同时绘制另一矩形,设置长、宽为120 cm、2 cm,将其沿x轴、y轴方向,每隔15 cm进行阵列复制各10个,并将阵列后的图形整体旋转45°与前者联立,放样为距离1.5 cm的几何模型,作为镂空格栅,再创建

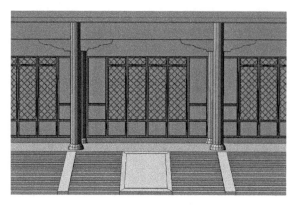

图 4-21　门扇与墙体的衔接

图 4-22　门扇的构件细节

面积一致的绢纱模型居中放置；最后，对门框最下方的镂空区域进行填补，利用多边形下插入、挤出功能将其调整为"回"字形装饰，将以上模型复制出 4 个并排摆放，同时通过类似方法创建模型两侧的连接板，局部仍以"回"字形作为装饰式样，完成后将门扇各部件附加，并放置于各个门洞的中间位置，从而完成门殿整套门扇模型的建模细化工作（如图 4-21、图4-22）。

（2）斗拱的细化

斗拱是我国古建筑特有的一种结构，主要通过弓形木块和方形木块共同累加的方式，层层探出、向上叠加，以此支撑屋檐的重量。明故宫门殿共有斗拱 24 个，分别位于建筑外围的每根立柱顶部及檐枋的部分空缺处，每个斗拱均为三层构造，每层结构以榫卯咬合作为主要衔接方式，在建模方法上可以利用多边形建模对其进行创建：首先，通过盒体元素创建斗拱基座，设置其尺寸为 22 cm（长）×22 cm（宽）×170 cm（高），将其转换为可编辑多边形，在边界模式下对略低于 1/2 立面部位桥接线圈，将模型下表面的面积缩小 30%；其次，利用二维线创建"山"字形截面，设置整体的长、宽各为 50 cm、12 cm，同时确保该截面每两条线之间的水平距离为 10 cm，设置每个垂直凸出部位的高度为 2 cm，将其放样为距离 10 cm 的几何模型，放置于斗拱基座的上表面；之后，将模型的每个凸起表面向上连续拖拽出两次高度，设置距离分别为 3 cm、5 cm，将第二次拖

拽出来的体积沿 x 轴、y 轴放大 30%,通过多边形下顶点调整将中间部分体积沿 x 轴、y 轴再次放大 30%,同时将上表面下降 3 cm,与两侧凸起部位形成落差;再次,将"山"字形模型向上复制两层,第一层复制为 3 个模型,第二层复制为 4 个模型,每一层模型之间的间距设置为 10 cm,同时将不同层级的模型以交错 3 cm 的方式穿插摆放,以形成榫卯咬合关系;最后,将最下面一层的"山"字形模型旋转 90°,以加强托撑作用,并在上面两层模型的同样位置,利用样条线及多边形结合的方式,调整出斗拱中间

图 4-23　斗拱的整体分布

图 4-24　斗拱的构件细节

部位的昂头结构,再将所有斗拱的各个部件附加成整体,复制出相应数量,放置于门殿的各个所需位置(如图 4-23、图 4-24)。

(3) 脊兽的细化

建筑中的脊兽是一种装饰性的建筑构件,主要位于建筑的正脊、垂脊、戗脊以及屋檐的四角下方。脊兽按照类别可以分为吻兽、垂兽、戗兽、跑兽及套兽,它们的构件样式及安装位置都被蒙上迷信的色彩。因此,对于门殿而言,对各类脊兽模型进行模型细化,能够突出该建筑特殊历史时期的典型特色。本例中脊兽模型种类较多,且造型相对复杂,可以利用照片素材配合多边形局部塑造的方式对其进行创建:首先,拍摄各类脊兽正面、侧面照片各 1 张,将其导入 3ds Max 软件中,同时建立盒体模型,将其转换为可编辑多边形模

图 4-25　脊兽的整体分布

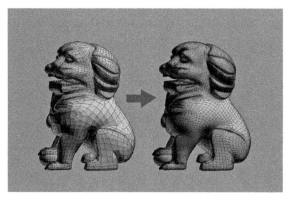

图 4-26　脊兽的构件细节

式,并勾选网格细分,设置迭代次数为2,将其转换为近似球体的多边形体块,以此获取更多的网格控点;其次,对模型设置多边形面模式下的取消光滑组,以此直观呈现模型主体块面的转折关系,同时依据所导入的脊兽照片,对模型的正面、侧面进行综合调整,在调整过程中,布线及面片的分布应尽量以四边形为主,对于因结构关系而无法避免的各类三角面或非四边形面片,应将其调整至比较隐蔽的位置,这样可以避免后续模型动态处理时所出现的各类报错现象;最后,当模型的块面造型基本完成后,再次勾选网格细分,设置迭代次数为1,同时也再次将其转换为可编辑多边形,这样通过两次网格细分结合多次转换多边形调整的方式,可以得到比较光滑的处理效果。利用上述方法可以将各类脊兽依次进行完善,并放置于建筑的各个所需位置(如图4-25、图4-26)。

4.3.5　模型优化

几何模型创建完善后,为了使后续的仿真渲染、三维打印、虚拟现实的操作应用过程更加顺畅、平稳、便捷,需要及时地针对已建模型适当地进行几何优化。它的主要处理思想是在不明显影响模型基本样式的情况下,针对模型的面片分布,布线的走向、疏密程度,以及模型的面片呈现方式等若干层面,利用相应的技术手段对其进行数据简约处理,以较少的数据占有量,实现较真实且适合各类图形图像软件高效运行的几何模型场景。为此,对已建模型样式加以理解,围绕其结构展开相应的优化应用,把握好模型建模、优化之间的微妙关系,找寻一系列有理可依的几何模型优化理念与方法,对于明故宫门殿这样建筑构件烦冗的几何模型而言,是一个十分值得研究的过程。

(1) 消除无效面片实现优化

门殿的建筑构件不仅类型丰富,而且形式变化也非常丰富,因而在模型各个构件的拼接以及构件的内部组成过程中,极易形成大量的、因相互遮挡而无法看见的冗余面片。例如,建筑的墙体与台基之间,梁架构件中的连梁、瓜柱、连枋、檩条之间,以及斗拱内部组织之间,都存在着一定程度的面片遮挡与榫卯咬合现象,并导致大量无效面片的形成。

因此,需要针对以上情况,将这些不在视线范围内,且相互重合的面片全部进行优化处理。以本例门殿的斗拱模型为例,将其内部基座、三层相互探出的"山"字形体块,以及昂头体块之间的相互重合

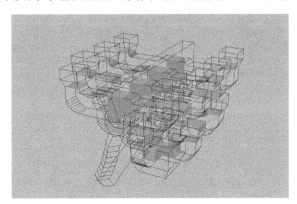

图 4-27　斗拱的重合面片

的面片利用多边形下面模式依次选择,将其全部删除(如图 4-27),仅确保视线范围内的面片可见。

(2) 梳理模型布线实现优化

几何模型的布线走向、面片分布不仅影响到建筑的美观性,而且与计算机的硬件消耗有着密切联系。从模型布线的实际规律出发,如果能够通过一种较简洁的布线手段实现较光滑的模型面片呈现效果,无疑会对后续各类数字虚拟技术的应用效率提供积极的促进作用。以某一脊兽模型为例,在前期利用盒体创建出基本形态的基础上,从以下几个方面对其布线展开梳理:首先,对模型中较为平整的部分,利用多边形边界模式下的塌陷,将不影响结构

关系的分段进行合并,或对局部无转折关系的各类线段全部移除,以此保留下仅能够起到结构转折关系的边界;其次,对细节部位,如脊兽的五官或肢体衔接区域,可以重点布线,以突出其局部细节的精致特征,同时布线应从结构走向出发,尽量将各类三角面,通过边界模式下的连接、移除与顶点模式下的焊接、桥接等技术手段,修改成四边形的面片,以利于后续各类软件对其网格控点进行灵活调整;最后,选择模型的全部顶点进行焊接,使模型的各个表面

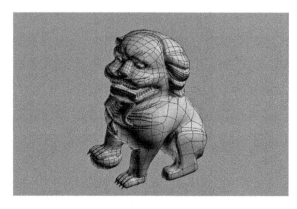

图 4-28　脊兽的布线梳理

为封闭的状态,避免各类顶点重复计算,同时打开修改编辑中的整体优化,将面阈值提高设置为 6,以实现模型的自适应段数优化,将优化不够理想的区域,再次进行局部完善。这样,利用以上优化方法处理后的模型,布线疏密有序,整体布线方式更加

精炼、准确(如图 4-28)。

(3)改进网格形状实现优化

考虑到后续仿真渲染及虚拟现实的数据通用性,建筑场景中应尽量不使用凹多边形,否则在后续的渲染及动态交互过程中,系统会对这一类模型面片进行自动切分或补偿处理,很容易造成计算效率低下,影响制作的实际效果。所以,理想的优化途径是在不影响模型轮廓、结构的前提下,检查模型的各个面片,将面片中存在的凹多边形修改成若干个相对较小的凸多边形所组成的网格,同时在操作

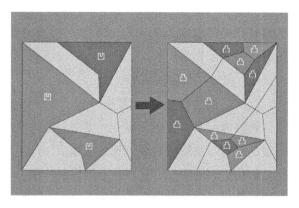

图 4-29　网格的形状变化

过程中,应确保网格中各个多边形形状与分布的均衡性,以此使优化后的模型表面平顺光滑(如图 4-29)。

(4)借助消隐代理实现优化

通常情况下,在计算机图形学中有三种表示几何模型的呈现方式,分别为线框图、消隐图及真实感图。其中,真实感图形的生成是在消隐的基础上,通过建模软件中默认光照,呈现出模型的面片实体;而消隐图形则是通过给定一组几何对象及投影的方式去判定线、面、体之间的可见性过程。当门殿的模型面片数量达到一定程度时,场景的实时显示会非常迟缓。为此,可以针对一部分门殿的内部模型结构,利用消隐算法处理,将其转换为线框代理的呈现方式。这样,可以在一定程度上减少参与实时计算的模型数据量,使模型的各类应用操作更加流畅,同时也不会影响模型在后续各类软件中的数据通用性。以门殿梁架结构为例,通过以下几个步骤对其实现消隐代理:首先,检查梁架模型的附加情况,务必保证该对象的构成方式为统一的整体模型;其次,建立一个多维材质的 ID 号,将模型中有可能在后续渲染中需要区分的各类属性吸附到编辑器中,以便于使用;最后,选择整体模型,将其通过以单元模块显示(Display as Box)的形式转换为线框,在模型所在的文件建立数据分包,同时打开代理转换,将该模型单独输出为 vrmesh 文件并储存在预留文件夹中,使梁架自动转换为消隐代理呈现模式(如图 4-30)。这样,该模型在计算机实时显示及内存的占用上,基本上可以忽略该类模型的面片数量。消隐处理,虽然能够对模型的优化有一定帮

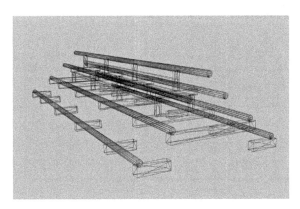

图 4-30　梁架的消隐呈现

助,但是代理后模型不可进行逆向修改,因此在应用前必须明确好代理对象的模型完整性,并确定好该类模型不需要参加后续的动态处理与应用。

4.3.6 模型优化前后对比

针对几何模型进行必要的模型优化,能够让整个场景运行更加流畅,也为后续各类数字虚拟技术的高效运用奠定了良好的基础。本章的模型优化方法仅是围绕模型的几何优化进行阐述,在后续的章节中还会持续探讨利用材质的置换、灯光的烘焙等相应手段对建筑模型的其他方面实施进一步的优化探索。通过对明故宫门殿进行相应的模型优化,可以发现计算机实时显示过程无卡顿及闪烁的现象,对模型优化前后的部分构件面片数及顶点数进行统计,可以看出优化后的相关数据更加简约,相关数据统计情况可见表4-1。

表4-1 优化前后数据统计

单位:个

类别	优化前面片数	优化后面片数	优化前顶点数	优化后顶点数
整体场景	181 118	108 671	289 709	173 803
立柱组合	1 782	1 104	3 263	2 016
界面组合	1 729	1 003	3 601	2 101
屋檐组合	62 187	40 426	93 383	60 699
斗拱组合	37 806	24 192	60 412	38 664
门扇组合	13 709	9 048	26 202	17 280
脊兽组合	36 187	22 798	75 853	47 796

模型的优化处理,不仅能够减少模型的各类冗余数据,而且可以使模型的结构转折关系更加明确,视觉感受更为明快。经过一系列的细化与优化应用处理后,门殿模型的各个构件均能以较少的面片衔接方式,实现比较理想的整体视觉效果(如图4-31、图4-32)。

图 4-31 门殿的整体透视 I

图 4-32 门殿的整体透视 II

5 仿真渲染的关键应用方法

5.1 工作机制分析

　　仿真渲染技术是计算机图形学中比较重要的一个研究领域,并在实践中与几何建模有着极为紧密的联系,利用它不仅可以真实地展示模型的各个视角,而且还可以逼真地呈现建筑对象的色彩、质感以及各种光照效果。从 20世纪 70 年代以来,仿真渲染技术随着几何建模技术不断发展,并先后历经了四代变革。从它的工作机制来看,仿真渲染技术主要是一种基于三维场景的图像处理行为,在最高抽象层次上,它的渲染行为又可以表示为场景描述与各类图像之间的转换[71]。集合建模、纹理机制、动画处理等相关算法都可以结合它的某种处理过程传递渲染结果,同时在图像中进行呈现。目前,仿真渲染技术的主要实施原理是依据全局光照的相关算法对渲染对象进行直接光照与间接光照处理,并着重体现建筑环境中的所有表面和光源相互作用的照射关系,模拟各类光源从能量发射,经过不同材质表面,形成多次反射、折射、焦散,直至进入人眼的全部处理过程。在这个过程中,模型的结构、光照的强度以及材质属性之间,形成了一种相互依托的关系,同时以共同配合的形式,为仿真渲染的技术应用提供了必不可少的数据基础。为此,对于古建筑场景而言,想要获得真实度较理想的图像处理结果,就必须先对仿真渲染的实际特点加以分析,归纳出能够影响渲染质量的关键优势与缺陷,为后续仿真渲染应用方法研究提供有理可依的着力点。本章将以目前技术水平较高的仿真渲染软件 VRay 作为研究平台,对其在古建筑中的关键应用方法进行探讨。

5.1.1 光线跟踪

光线跟踪(Ray Tracing)是计算机图形学的核心算法之一,也是一种将光线投射算法进行扩展的递归算法[72-73]。由于光线经过多次反弹后可以抵达某一表面,需要跟踪源自对象表面处的相关光线情况,以此完成图像的渲染处理。在具体的实施过程中,光线跟踪又可以分为经典光线跟踪与分布式光线跟踪两种类别。

(1)经典光线跟踪

经典光线跟踪能够沿着视点光线的方向进行逆向跟踪,即经过屏幕上每一个像素,找出与视线相交的各类交点,确定当前交点是否位于该光源的阴影区域内,同时从当前交点向光源投射一条跟踪轨迹,用于测试光线的照明情况(如图5-1)。如果测试光线在达到光源之前,与场景中的不透明对象相交,则说明当前交点仅位于光源的阴影区域内,系统会默认当前交点的局部光亮度为零[74]。如果测试光线在到达光源之前,与场景中的半透明对象相交,系统则会依据对象的透明程度对光线进行一定程度的衰减,从而使该光源在当前交点处所产生的局部光亮度有所减弱。基于此,对于在视点范围内的每一个对象,都能够利用该方法依次计算出各类交点的光照亮度,并模拟对象表面的理想反射、透射以及阴影投射效果。通常情况下,为了有效减少光线的混叠现象,光线跟踪开启之后,也可以将场景中灯光细分适当提高,以此使光线跟踪后的光影关系更加明确。经过经典光线跟踪后的图像处理效果非常清晰,光影对比关系较强,各类对象的阴影边缘比较锐利,适用于模拟晴天正午阳光下或强光下的各类场景。经典光线跟踪虽然能够比较系统地

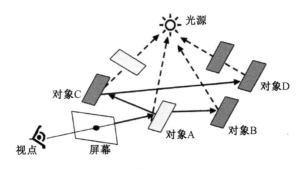

图5-1 经典光线跟踪的过程

计算出每个光束的约束条件,但是它的跟踪方法本质上是一个离散采样方法,屏幕中的各个像素的亮度也是分别计算而来的,因此在处理一些复杂的光线时,光线跟踪的计算结果极有可能出现一定程度的失真现象。

(2)分布式光线跟踪

分布式光线跟踪与经典光线跟踪的不同之处是,它没有通过任何几何形体去表现光束,而是针对某一区域空间以分布的形式随机跟踪一定数量的光线。在应用过程中,分布式光线跟踪不仅能在光线与对象表面的交点处朝反射与透射方向发射光线,而且可以依据对象表面的物理性质朝反射和透射方向附近的立体角发射采样光线,以此形成分布式的光线跟踪。因此,该算法能够解决经典光线跟踪中视点与对象求交困难等问题,从而能够完成一些关于模糊反射、景深模糊、运动模糊的特殊渲染效果,非常适用于模拟场景中柔和、微弱的区域光线,能够使渲染图像形成比较细腻与丰富的层次过渡关系。

5.1.2 光子传播路径

仿真渲染的实施过程主要是通过全局光照渲染引擎对各种光源能量进行统一的分布,而光子则是通过这些能量分布被发射出来的[75-77]。光子的发射分布与光源的能量分布息息相关。当场景中所有光子都具备相同的能量时,渲染引擎所计算的光子图往往能够达到最理想的渲染质量。当场景中多个光源同时发射光子时,渲染引擎又会根据光源的实际强度对光子的数量进行自适应分布,确保强度高的光源携带的光子数量多,而强度低的光源携带的光子数量少,尽可能地保证每个光子所携带的能量大致相同,以此使场景各个区域的光照信息相对充分、均衡。假设光源为单色光,对于一个具有漫反射系数 α 和镜面反射系数 $\beta(\beta+\alpha \leqslant 1)$ 的表面,需要决定经过这一表面的光子是被漫反射、镜面反射,还是被吸收,这里使用一个随机变量 $M \in [0,1]$:

$$M \in [0, \alpha] \qquad \text{漫反射}$$
$$M \in [\alpha, \beta+\alpha] \qquad \text{镜面反射}$$
$$M \in [\beta+\alpha, 1] \qquad \text{被吸收}$$

这样,光子的总能量不变,只是根据渲染对象的随机数量和这一表面的反射特性来决定光子接触表面后的反弹去向。最后,光源的能量将会平均分配给每一个光子,以实现渲染过程的计算正确性。

5.1.3　光子映射

光子映射(Photon Mapping)在仿真渲染中是光线跟踪的一种延伸算法,它结合了经典光线跟踪与分布式光线跟踪两组算法,以此共同构成了全局光照的全部计算过程[78-79]。其中,前者为直接光照提供计算结果,而后者则依据前者的相关数据信息,提供关于间接光照的计算结果。渲染图像的信息由两组算法相互配合,并以线性的方式综合计算出最终的渲染结果。目前,光子映射是模拟全局光照最快的算法之一,它能够从光源的实际物理属性出发,研究光子在场景中的传播路径以及光子反弹的各种过程,通过光子映射后的渲染图像能够有效地实现场景中一些真实、细腻的渲染效果,例如对象的反射模糊、焦散、颜色混合、烟雾、运动模糊等。在应用过程中,光子映射主要通过光子图、着色采样两个步骤来实现。

(1) 光子图的应用

光子图是一种用于记录光子信息的贴图文件。在场景中,当光子与对象相交时,光子的碰撞信息、能量大小、入射角度等均可以被存储在光子图中。一般情况下,光子图包括直接光子图、间接光子图及焦散光子图3种不同的类别:直接光子图是光源发射出光子与各类漫反射对象进行第一次相交的信息记录;间接光子图是光子与各类漫反射对象经过第一次相交后,通过光子反弹与其他对象进行相交的信息记录;而焦散光子图仅能存储与焦散有关的信息,当光子与镜面反射对象第一次相交后,又与其他漫反射对象相交的信息记录就是焦散光子图。此外,光子图中的光子又可分为直接照明光子、间接照明光子和阴影光子(如图5-2)。其中,直接照明光子、间接照明光子的细分程度越高,光子的能量、密度就越大,光子图的估算参考信息也就越加充分,从而使最终的渲染质量更加真实与精确。而阴影光子则是直接照明光子与间接照明光子穿越整个场景后所产生的,这些阴影光子能够在渲染时减少阴影光线的数量,并以此优化阴影的渲染质量。

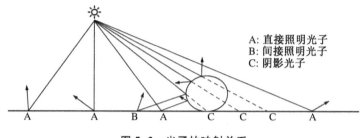

A：直接照明光子
B：间接照明光子
C：阴影光子

图 5-2 光子的映射关系

（2）着色绘制的应用

在光子图构建之后，直接光照与间接光照会按照经典光线跟踪与分布式光线跟踪的算法进行最终图像创建，而这一创建过程又被称为着色绘制[80]。着色绘制时系统会自动提取光子图的相关信息，并对屏幕中的每一个像素进行图像处理，即在光线跟踪的视线范围内，通过场景中一定数量交点的光照强度，利用准蒙特卡罗密度估计法去判定场景的整体通光量以及各类交点的光照信息。也可以渲染比光子图像素尺寸更大的渲染图像。着色绘制的最大优点就是非常高效，它能够利用光子图的相关信息进行补充与完善（如图5-3），使光源在计算时不需要发射过多的光子，仅需要以存储作为代价，为光子图的建立提供一定空间即可。

图 5-3 着色绘制的过程

5.1.4 采样细分

采样细分是围绕场景中几何模型、材质属性、光照信息这些方面进行图像着色精细处理的一个过程。它主要是围绕自适应细分、极限噪波、最小采样这3个方面对渲染的最终效果进行系统性的设置与全面提升,也是针对场景中各类对象的几何网格、图像光滑度以及图元信息等方面进行相应的综合处理过程[81-83]。

（1）自适应细分

自适应细分是将场景作为一个整体单位,进行几何网格细分的过程,以满足渲染像素能够具备一定的抗锯齿要求。值得注意的是,这里的网格细分与几何建模的网格细化不同,它仅可以作为光子计算时的参照数据,并未使模型实际面数增加。在自适应细分过程中,场景的几何网格细分程度越高,采样处理的着色点越充分,渲染图像的整体质量也就越理想,但是这也会导致总体渲染时间的增加。一般情况下,自适应细分是可以结合场景中不同模型的实际情况,针对各类几何模型的实际面片数量进行单独设置,并满足场景中重点区域与非重点区域的不同渲染要求,兼顾渲染的实际精度与硬件的低资源消耗等问题。

（2）极限噪波

极限噪波是针对光子传播时,因局部光线曝光不足或光线跟踪的样本信息不够精确而形成的各类噪点进行优化的综合过程。极限噪波相关参数能够有效控制各类噪点的极限值,能够依据光源的不同强度与数量、光子发射的细分程度以及材质属性的细分程度等,利用统一的参数设置,对其进行有针对性的优化,确保各个数据均衡、充分。极限噪波的数值设置越小,图像渲染效果越光滑,但是渲染速度也会随着渲染质量的提升变得相对缓慢。

（3）最小采样

最小采样是针对场景内部的一定采样区域设置图元信息量的过程。采样数值设置越大,采样区域的像素密度越大,着色器获取的图元信息量就越广,颜色的渐变也越充分,最终的渲染图像也就越真实、细腻。经过高参数设置后的渲染图像,在局部放大时能够清楚地显现图像中的反射、折射区域所具备的丰富的层次感,整体视觉效果十分精致。

5.2　工作流程设计

5.2.1　环节之间的逻辑关系

高质量的渲染图像并非仅依靠对渲染引擎进行相应的高参数设置就能够快速实现。它应当是从模型系统、材质系统以及灯光系统的实际特点出发,找寻这一整体架构的内在联系与相互之间的制约因素,从而摸索到三者之间的相关规律[84]。为此,在建立渲染应用流程前,应对以上各个系统的内在逻辑关系展开剖析。

其一,对于模型系统而言,由于古建筑的建筑样式变化复杂、构件数量丰富,在模型创建后应按照实际层级关系,如瓦面层、梁架层、斗拱层、柱础层及装饰层等,对模型进行分类及成组,以便于后续能够整体对其进行材质贴图、坐标、属性的相关调整。此外,在材质、灯光完善以前,应对模型面片进行检查,确保模型的法线正确、无面片损坏,以避免灯光计算时出现各类报错现象。

其二,对于材质系统而言,首先,它与模型是相辅相成的,模型精度不够,可以通过材质中的遮罩、凹凸、置换等方式进行适当的改善。其次,材质与灯光的计算过程也是相互影响的,材质贴图的明度过亮、饱和度过高、反射或折射属性过强,都会导致灯光计算时,场景的色溢过重、光子的反弹时间增加等现象发生。因此,理想的处理方法是先完成材质贴图的创建,再对灯光进行渲染测试,并根据测试效果逆向确定材质属性,以此减少光子的计算时间。

其三,对于灯光系统而言,因为它主要包括了直接光照与间接光照两个部分,所以灯光不仅能够对模型、材质起到实际照射作用,还能够有效改善场景的氛围,尤其对历史久远的古建筑场景而言,灯光的光照强度、衰减、色温、光子分布等都可以为模型的整体精度、色调处理以及材质质感增添相应的感染力,即通过灯光的相应处理手段有效弥补模型、材质的不足之处。

5.2.2　工作流程的确立

基于对仿真渲染的各个环节加以分析,能够得出具体的应对关系,结合场景的实际特点,依次对模型从材质、灯光、引擎设置各方面进行完善,建立相应的仿真渲染流程:首先,对几何模型进行系统性检查,确保模型的面片正确性,同时对模型的各个层级或构件进行材质贴图赋予,使其保持不同的几何纹理,并针对贴图的坐标进行整体调整,对于一些曲面程度较高或有特殊坐标要求的模型,也可以使用拆分贴图的方式对其坐标精确绘制;其次,对场景进行灯光的布置,包括灯光的位置、入射角度、投射面积、色温、强度等相关设置,同时在布置过程中,应明确好主要光源与辅助光源的光线比重关系,以确保灯光的布置符合客观规律;再次,调整全局光照引擎相关设置,对场景进行渲染测试,并根据测试结果的图像质量,围绕材质的反射、折射等各类物理属性进行设置,结合灯光的相关属性进行同步细化调整,以完善场景的各类细节,使其可信度增加;最后,相关参数完善后,对引擎进行高参数设置,同时依据需要,可以分别建立静帧类的光子图或动画类的光子图,将光子图完善后存档,并建立好最终图像的保存路径,提取光子图的相关信息,建立最终的渲染图像,从而完成整套仿真渲染应用流程(如图5-4)。总体而言,渲染的实际流程是一个根据图像结果反复调整的过程,对于操作者而言,其不仅需要具备扎实的流程应对能力,而且也需要具备一定的艺术审美修养,这样才能更好地把握真实与美观之间的内在联系。

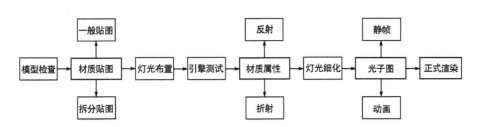

图5-4　仿真渲染工作流程

5.3 工作方法研究

通过应用流程可以归纳出仿真渲染的实际应用主要基于材质、灯光以及渲染引擎的综合设置。因此,在利用相关方法对渲染各环节进行具体实施的过程中,既要展示建筑的真实细节,突出高仿真的视觉效果,也需要控制好色彩扩散关系,确保渲染的整体环境色调与古建筑的整体氛围相互融洽[85-88]。要得到一个理想的渲染结果需要针对光线、模型的实际特点加以分析,在依据客观现实的基础上,适当地做出一定的抽象判断,并利用相应的技术手段与方法去实现所要重点展示的建筑特色。由于渲染兼顾客观与主观的双重特点,本节以南京下马坊观音阁为例,围绕渲染的不同环节展开探讨,以找寻一套全面、细致的仿真渲染应对方法。

5.3.1 材质贴图

在灯光布置以前,应对模型进行材质贴图的完善工作。本例中的观音阁为重檐歇山式楼阁,建筑的整体布局坐北朝南,面阔三间,并由 24 根立柱作为主要承重构件,东西两侧均衔接局部墙体,室内有照壁一处,照壁前设有观音佛像一个,建筑底部筑有台基,台基周边地形形成一定范围的配景,包括道路、草地和池塘等,模型的整体构件种类较为丰富,需要将同类材质模型建立成组关系,以此对相同类别的材质贴图及贴图坐标统一进行创建。

（1）一般贴图

根据楼阁的实际情况,将不需要贴图拆分的模型赋予不同类别的材质贴图,通过以下方法将模型与材质依次建立系统的对应关系:首先,完善建筑主体的材质贴图,将双重屋檐赋予命名为"瓦面"的贴图,将正脊、垂脊、戗脊、脊兽赋予命名为"屋脊"的贴图,将斗拱、撑拱、檐枋、檐椽、立柱赋予命名为"漆面"的贴图,将柱础赋予命名为"汉白玉"的贴图,将墙体赋予命名为"青石砖"的贴图,将台基赋予命名为"釉面砖"的贴图,将照壁赋予命名为"大理石"的贴图,将铺垫赋予命名为"织布"的贴图;其次,完善建筑配景的材质贴图,将室外路面赋予命名为"水泥砖"的贴图,将草地赋予命名为"草坪"的贴图,将池塘表面赋予命名为"水面"的贴图;最后,针对不同类别的贴图,按照模型对应关系依次进行选取,利用 UV 展开(UVW Map)对其 x、y、z 三坐标进行相应的调整,包括贴图纹理的展开类型、方向、大小及纹理密度等,最终完成模型全部的贴图赋予工作。经测试,各类贴图相关设置可见表 5-1。

表 5-1　不同类别的贴图设置

类别	样式	UV 类型	UV 坐标(mm)
瓦面		平面	200,200,200
屋脊		平面	200,200,200
漆面		长方体	无
汉白玉		长方体	300,300,300
青石砖		长方体	800,400,400
釉面砖		长方体	600,600,600
大理石		长方体	600,600,600
织布		长方体	300,300,300
水泥砖		长方体	800,800,800
草坪		平面	800,800,800
水面		平面	800,800,800

（2）拆分贴图

对于楼阁中有特殊纹理坐标要求的佛像,将其单独选取,利用 UV 拆分(UV Unwrap)将模型表面以平面化形式完全展开,对佛像面部等纹理进行整体绘制,设置像素尺寸为 1 024(宽)×1 024(高),并将贴图拆分的缝隙放置于隐蔽位置,以避免模型出现过于明显的接缝现象。此外,UV 拆分后所得到的平面贴图的像素应依据模型实际结构进行调整,结构越精细,像素应越大,以确保纹理得到精准呈现(如图 5-5)。

5.3.2　灯光布置

灯光布置是仿真渲染的重要环节,通过灯光的有效计算,能够模拟楼阁

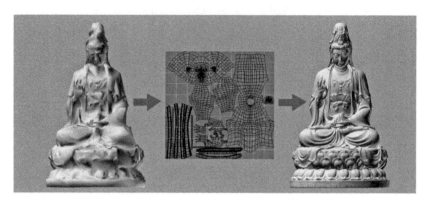

图 5-5　贴图的拆分过程

不同时段的光照效果。灯光主要包括自然光照明与人工光照明两种途径。前者又可以具体划分为天光与阳光两种光源,而后者主要通过光度学灯光对各种人工光照明手段进行相应的模拟。在实际应用中,需要根据模型的展示特点,对不同类别的灯光入射角度、强度、色温及光照衰减等进行系统性的设置,从而找寻到合适的布光方法。

（1）自然光照明

自然光照明主要通过阳光及天光共同模拟实际光线。以正午时段为例,通过以下方法实现自然光照明需求：首先,模拟正午日景效果,从东南方向创建阳光光源,勾选光源不可见,将其入射角度调整为 45°～60°,强度倍增设置为 0.015,浑浊度设置为 3.0～4.0,衰减倍增设置为 1.0～2.0,突出强烈的光线对比关系；其次,从场景顶部向下建立矩形光源模拟天光,勾选光源不可见,将其遮罩范围设置为包裹住整个场景为宜,将光源色温调整为浅蓝色,强度倍增设置为 1.0～1.2,烘托冷峻的天光色调,并确保天光能以漫射的方式照射楼阁；最后,利

图 5-6　自然光照的实现

用实时渲染测试楼阁局部构件的阴影倾斜角度、曝光效果以及阴影边缘过渡是否理想，能否展现正午时段气势磅礴的建筑特征(如图5-6)。此外，如果需要将自然照明效果更改为傍晚效果，可以在正午时段场景的基础上，将阳光朝向调整至西南方向，入射角度缩小为15°~30°，强度倍增降低为0.005，浑浊度提高为5.0~7.0，衰减倍增提高为5.0~7.0，同时将天光色温改为蓝紫色，强度倍增降低为0.3~0.5，使楼阁的阴影变得更加细长，边缘过渡模糊，光影对比关系柔和，建筑外轮廓在暗淡的环境中若隐若现，以此呈现出黄昏时古朴的建筑气息。经测试，楼阁不同时段的照明参数取值可见表5-2。

表5-2　不同时段的自然光照设置

时段	阳光角度(°)	阳光强度倍增	阳光浑浊度	阳光衰减倍增	天光色温 RGB	天光强度
清晨	15~30	0.005	1.0~2.0	3.0~5.0	140,172,208	0.3~0.5
上午	30~45	0.010	2.0~3.0	2.0~3.0	180,212,250	0.5~1.0
正午	45~60	0.015	3.0~4.0	1.0~2.0	210,237,252	1.0~1.2
下午	30~45	0.010	4.0~5.0	3.0~5.0	170,235,247	0.5~1.0
傍晚	20~45	0.005	5.0~7.0	5.0~7.0	127,138,195	0.3~0.5

(2) 人工光照明

人工光照明主要为局部照明，多应用于建筑的室内空间，在实际应用中，多为模拟室内空间中的射灯、吊灯等局部照射效果。以傍晚时段为例，结合已经完善的自然光照布置，通过以下方法对楼阁的室内实施人工光照明：首先，在楼阁的室内顶部偏下位置创建光度学光源，利用关联的方式，将灯光阵列复制12个，根据楼阁室内面积平均分布，从上向下进行照射；其次，将其中一个光源色温设置为暗黄色，勾选光线跟踪阴影，将灯光分布类型调整为光度学模式，按实际路径输入光度学文件，将光照强度设置为5 000 cd，以此强化光线照射亮度；最后，将阴影属性调整为柔和模式，将UV衰减范畴设置为30~40为宜，同时关闭高级光照下的高光反射，确保人工光照明的柔和效果(如图5-7)。这样，当这一个光源调整完后，楼阁室内的所有灯光将随之自

动关联相应参数。此外,如
果室内空间整体亮度仍然
不够,也可以利用矩形光
源,将其放在较暗区域作为
室内的辅助光源,辅助光源
的强度一般不宜超过主体
光源的三分之一,以确保光
照效果主次分明,避免由于
光源过多而产生各类局部
重影现象的发生。

图 5-7　人工光照的实现

5.3.3　引擎测试

完成材质与灯光的基本设置后,应对楼阁进行初步渲染,以测试场景的
光线计算效果,为后续的材质属性设置及灯光细化提供客观的参考依据。作
为渲染测试的主要工具,全局光照引擎在这个环节中至关重要,它主要包括
光子发射与反弹过程中的各种计算模式及参数细化、优化功能,能够不同程
度地展示模型的各种渲染状态。因此,在这个环节中,考虑到模型的复杂性
以及测试的指导意义,应合理地通过引擎的搭配方式及相关参数设置,针对
渲染图像进行高效、真实的呈现。

（1）引擎的搭配方式

全局光照引擎主要包括直接光照与间接光照两种照明方式,能够对场景
中光源照射到或照射不到的区域进行全面的光线跟踪,同时光照效果符合一
定的物理规律。全局光照引擎主要提供了发光贴图（Irradiance Map）、准蒙
特卡罗（Monte Carlo Method）、暴风跟踪（Brute Force）以及灯光缓存（Light
Cache)4 种独立模式,同时能够以两两搭配的形式对光子的首次发射与二次
反弹进行综合计算。在楼阁的引擎测试过程中,可以将首次发射引擎设置为
发光贴图,二级引擎设置为灯光缓存,其选择依据主要为以下两点:其一,发
光贴图能够采样空间任意一点以及位于该点的全部光照信息,能够将其实时
保存为光能贴图,并通过发光贴图内部的内插值计算为后续各种类似的光子
传播途径提供可替换的数据信息,同时发光贴图也能够以自适应方式对模型

的边界或结构转折区域重点计算,而对较平整区域则以低精度进行计算,能够有效合并首次发射过程中的相关类似信息,以提高计算效率;其二,理论上,光子的二次反弹的计算时间应比首次发射更加漫长,选择灯光缓存作为二次反弹算法,能够仅针对相机范围以内的光子进行追踪与计算,这样便有效过滤掉相机以外的各类光子反弹信息,优化计算过程。总体而言,以上两种引擎模式的搭配,不仅能够保证光照的真实效果,而且能够极大地提高渲染效率。

(2)引擎参数的设置

在渲染测试阶段,确立好引擎的搭配方式后,应从引擎内部的光子倍增、光子发射品质、光子反弹细分等方面对引擎的相关参数进行设置。具体方法如下:首先,在光子倍增方面,考虑到光线的首次发射的光源能量应高于二次反弹,可以将首次发射的光子倍增设置为1,即将所布光源的能量全部发射,而二次反弹的光子倍增的设置应考虑光子实际传播中存在的损耗情况,将其设置为0.8~0.9为宜,进而使光子反弹呈梯级状态进行衰减;其次,在渲染品质方面,可以将光子发射品质设置为高级别,使着色采样过程能够获取丰富的图元信息,将渲染品质下的半球细分适当提高至50,使图像的受光区域精度提高,同时将插值采样适当降低至30,使阴影区域相对柔和、概括,提高渲染的实际效率;最后,光子反弹细分设置

图 5-8 测试渲染图像 I

图 5-9 测试渲染图像 II

为1000,使整个场景中光子传播到的地方都能够得到充足的光子密度,从而避免渲染图像出现局部黑斑现象(如图5-8、图5-9)。

5.3.4 材质属性

引擎测试之后,应结合光线的实际效果,针对材质的属性进行调整。材质属性的塑造不仅需要突出材质纹理的真实性,而且应当格外注重其物理属性的设置,如反射、折射、高光、光滑度、折射率等细节的呈现。由于本例中的楼阁材质大多为木、石材质,需要在属性设置的过程中,以微弱、细致的处理手段对材质属性进行确认,以实现层次丰富的建筑质感。

(1) 反射的处理

反射类材质在楼阁的实际应用中非常多。从类别上看,反射可以具体划分为漫反射与镜面反射两种。其中,漫反射的形成是由于光子在模型表面反弹方向分散,使反射的表面倒影具有模糊性。而镜面反射则与之相反,因为光子在模型表面反弹方向集中,镜面反射的表面倒影非常清晰,视觉感受也相对光滑。此外,在反射的设置过程中,可以通过菲涅耳衍射对反射的衰减进行真实计算。当这个选项被启动后,将按照真实世界中光线与表面的夹角关系对反射按照以下几种情况进行呈现:其一,当光线与表面法线之间夹角接近0°时,反射将衰减;其二,当光线趋近平行于表面时,反射可见度最大;其三,当光线趋近垂直于表面时,反射可见度几乎消失。基于以上反射的特性,结合楼阁的材质特点,可以对材质的属性设置做出如下处理:首先,将反射程度较弱的材质,如瓦面、屋脊、漆面等统一调整,将反射强度的色块明度适当降低为深灰色(纯黑色为无反射),高光降低为0.5~0.85(默认值为最佳高光强度),光滑度降低为0.65~0.75,使反射表面具备颗粒感,能够呈现出较为模糊的反射效果(如图5-10);其次,将

图5-10 材质的模糊反射

反射程度稍强的材质,如汉白玉、青石砖、釉面砖、大理石等统一调整,将反射强度的色块明度适当降低为中灰色,高光降低为 0.75～0.85(默认值为最佳高光强度),光滑度降低为 0.75～0.9,同时将需要细致展现的材质开启菲涅耳衍射;最后,对于织布、水泥砖、草坪等几乎没有反射的材质,将其反射及相关数值保持默认,即关闭各个属性,进而提高渲染效率。经测试,不同反射类材质的属性设置可见表5-3。

表 5-3 反射类材质属性设置

类别	反射强度 RGB	高光	光滑度	菲涅耳衍射
瓦面	20,20,20	0.55	0.70	关闭
屋脊	20,20,20	0.55	0.65	关闭
漆面	25,25,25	0.60	0.75	关闭
汉白玉	80,80,80	0.80	0.85	关闭
青石砖	60,60,60	0.75	0.75	开启
釉面砖	90,90,90	0.80	0.85	开启
大理石	90,90,90	0.85	0.90	开启

(2)折射的处理

由于场景中没有玻璃材质,折射类材质主要针对水面材质属性进行模拟。一般情况下,折射是在反射发射的基础上,又具备了一定的透光特性。因此,发生折射的某一表面一定具备反射与折射双重属性,需要在调整反射等参数后,对折射强度、折射率进行综合调整。目前,绝大多数的渲染软件中的材质系统,都可以依据物理学中的常用折射率表里的相关数值进行参照或对应输入,同时参与后续的渲染计算过程。通常情况下,材质的折射率越高,材质发生折射的能力也就越强。但是,这并不意味着材质的透光或焦散效果一定理想,它们的呈现效果是与折射强度与光滑度息息相关的,需要通过细致的调整,才能够让材质模拟出各种晶莹剔透或暗淡无光的透明或半透明效果。此外,为了突出楼阁配套地形里水面材质的波纹起伏效果,可以利用材质凹凸编辑,对其添加水纹遮罩,使水的表面能够呈现出微波荡漾的实际效果(如图5-11)。经测试,水面材质属性的相关设置可见表5-4。

表 5-4　折射类材质属性设置

类别	反射强度 RGB	高光	光滑度	折射强度 RGB	折射率	菲涅耳衍射	凹凸
水面	70,70,70	0.80	0.90	170,170,170	1.33	开启	水纹

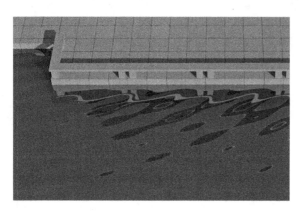

图 5-11　材质的折射

（3）材质细分处理

对材质的反射与折射属性进行处理，不仅能够使材质的质感更加明确，而且由于材质的属性发生了系列变化，其会在一定程度上使光子的传播路径在反射及投射两个方面发生改变。为了让光子传播更加符合真实规律，在材质属性设置后，可以依次将反射、折射强度较高的材质单独处理，将其细分提高为 10，以确保材质在光线的作用下更加真实、细腻。

5.3.5　灯光细化

除了对材质属性确认以外，灯光细化也应在引擎测试后根据渲染效果及时处理。结合本例中测试图像，能够看出阳光光斑的边缘、阴影边缘以及局部表面还有一些细小的噪点，这些缺陷需要利用灯光的细化设置加以解决。灯光的细化主要包括光源与阴影两方面的实施过程，前者为光子在漫反射过程中提供更加丰富的随机样本数量，后者能够为场景的逆光区域内的阴影边缘质量增加相应的细节。针对以上引擎测试的实际情况，可以通过以下方法对其进行相应处理：首先，针对自然光照类的光源，依次选择阳光、天光光源，在其高级光照属性下，将漫射细分提高为 250，同时勾选细分质量倍增，以此使光子细分的迭代次数更加充分；其次，将各类光源的阴影细分提高为 8，同时阳光光源的遮罩范围以包裹住整个场景为宜，以此有效提高遮罩范围内有可能产生的各类阴影质量。这里需要注意的是，遮罩范围一旦开启，光源的相关细分设置会按照遮罩范围以内的区域进行细分与计算，并在一定程度上使后续的渲染效率有所降低。因此,在这个设置过程中,仅需要针对光线相对集中的阳光光源进行遮罩范围的选定即可,而天光光源由于光线相对分散,不必对遮罩范围进行处理,以避免不必要的资源消耗。

5.3.6　实施渲染

当材质与灯光的处理工作完成后,应对场景实施渲染。渲染的主要过程也是通过构建光子图的形式进行,即通过构建较小像素的光子图文件为较大像素的渲染图像提供光照数据并进行计算,从而以高效的方式完成渲染图像。为此,光子图构建得是否理想,是决定最终渲染质量高低的重要前提。从光子图的构建类别来看,可以具体划分为静帧、动画两种文件类型。其中,静帧类光子图主要以单幅图像的渲染为主,对场景的不同视角执行单张图像的光子计算过程。而动画类光子图,主要基于相机动画,对相机在运动过程中获取的系列视角执行动态的光子计算过程。这两种不同的光子图构建方式,虽然彼此存在着一定的联系性,但也需要通过不同的处理手段进行综合应用。

（1）利用静帧类光子图实施渲染

利用静帧类光子图实施渲染,就是利用非运动状态下的光子图文件实现静态的渲染图像,需要确保图像的整体精度高于利用动画类光子图文件所完成的渲染图像质量。在实施应用中,需要从像素选择、光子图模式及采样细分等方面进行综合处理:首先,将渲染像素尺寸设置为 800(宽)×480(高),将光子的首次发射、二次反弹引擎渲染模式设置为单帧模式(Single frame),同时勾选全局管理下的不渲染最终图像,这样能够仅以单帧的方式对光子进行计算处理;其次,勾选各引擎中自动保存光子图与自动转换光子图,设置好光子图路径,使光子图能够在数据构建后按照指定的路径进行保存与读取;再次,将采样细分中的自

图 5-12　楼阁的最终渲染 I

适应细分降低为 0.75,极限噪波降低为 0.005,最小采样提高为 16,以确保着色绘制的过程更加精细;最后,当引擎将已构建好的光子图自动提取为光照

图 5-13　楼阁的最终渲染Ⅱ

数据时,再将渲染图像的像素尺寸提高为 2 000(宽)×1 200(高),同时取消全局管理下的不渲染最终图像,并针对最终图像进行渲染。通过以上的处理方法,可以依次针对不同的相机视角下的最终图像分别进行创建(如图5-12、图 5-13)。

(2)利用动画类光子图实施渲染

动画类光子图与静帧类光子图在渲染实施的过程方面并不相同,利用动画类光子图实施渲染,主要是以构建动态化的光子运算数据作为最终渲染序列帧的光照数据。相对静帧类光子图而言,动画类光子图的数据信息量更加庞大,因此图像的质量低于静帧类光子图,需要结合一定的优化手段对其进行综合处理:首先,将渲染像素尺寸设置为 400(宽)×240(高),勾选全局管理下的不渲染最终图像,将光子的首次发射模式调整为光子叠加模式(Incremental add to current map),二次反弹引擎渲染模式调整为穿越模式(Flythrough),这样能够在相机位移过程中,利用当前帧所产生的光子数据为后一帧光子计算提供参照数据;其次,勾选自动保存光子图与自动转换光子图,设置好光子图的路径,将时间输出模式下的步幅数提高为 6,即间隔 0.25 秒(20 帧/秒),以每 6 帧共用一次光子图的方式进行计算,进而减少类似的冗余数据,同时将采样细分中的自适应细分、极限噪波、最小采样分别调整为0.65、0.01、10,以优化着色绘制过程中的图元信息;最后,当光子图构建完毕时,将像素尺寸提高为 1 200(宽)×720(高),将时间输出模式下的步幅数恢复为 1,取消全局管理下的不渲染最终图像,执行最终渲染。使用这样的处理方法,能够在有效保证渲染精度的前提下,积极提高动画序列帧渲染的实际效率。

三维打印的关键应用方法

6.1 工作机制分析

三维打印技术是一种快速成型技术,从 20 世纪 90 年代中期开始持续发展。它始于数字化几何建模,利用打印管理软件呈现模型,并以自适应细分的方式将几何模型切割成片,且每层厚度远小于 1 mm[89-90]。同时结合粉末状或树脂类可黏合类材料[聚乳酸(PLA)、苯乙烯树脂三元聚合物(ABS)常规材料],利用三维打印机内部的电动机将材料引至挤出机,经过机器喷嘴加热后熔成液体,再按照几何模型的样式,以逐层铺垫的方式自下向上地精确打印,打印出来的材料经冷却后,即形成实物模型。一般情况下,当打印预览超出打印机平台尺寸的最大限制时,也可以将几何模型进行局部拆分,并针对各个拆分部件依次打印出来,以黏合的方式对其进行拼装处理。目前,随着三维打印技术的不断发展,该技术在模具制造、工业设计等领域中应用得较为广泛,能够精确地打印几何模型的各层截面,并使其整体结实、坚固,从而有效节省了模具开发的相应成本。虽然三维打印技术在制作领域具备一定的发展优势,但是对于样式独特、结构复杂的古建筑模型而言,它的打印效果往往不是非常理想。模型的各个部位也极易出现断层、翘角、开裂等现象,整体精度不够高,而耗时耗料程度较高。为此,对于古建筑模型三维打印而言,想要获得质量可靠的打印结果,就应当从三维打印的工作机制及技术特点出发,找寻能够影响到三维打印质量的各种受约因素,提出一套能够满足高效、稳定打印古建筑模型的应用方法,在实现打印体块平滑连接的同时,也能够有效降低三维打印的耗材成本,为古建筑保护中的各类数字虚拟技术的应用提供一定的技术支撑。本章将以目前技术水平较高的三维打印设备 MakerBot Replicator 作为研究平台,对其在古建筑中的关键应用方法进行探讨。

6.1.1　系统构成

通常情况下,三维打印机除了机身的外部框架以外,还有步进机、加热温床、挤出机和电子元件等主要硬件,且整体组装架构十分精致、紧凑。它们共同构成了三维打印的各种核心功能,并通过同步带轮、同步带、喷嘴等局部配件的协同配合,按照几何模型的实际坐标要求,去完成三维打印的调试、测试、打印等各环节的实施过程[91-92]。

（1）步进机的应用

步进机是通过电流脉冲精确控制打印转动量的硬件部分,由于电流脉冲是通过电动机驱动单元所提供的,所以步进机是整个三维打印机的动力来源（如图 6-1）。在应用过程中,步进机能够通过步进角的设置去实现步进的精度、驱动频率以及振动幅度。近年来,绝大多数的三维打印机可以利用配套管理软件将步进角控制在

图 6-1　三维打印的步进机

0.9°～1.8°[93]。当步进角度细分为较小数值时,虽然能够使打印过程更加平稳,转矩加大,打印精度提高,但是步进的转速也会随之降低,导致打印效率有所下降。因此,步进角的细分程度需要依据打印对象的复杂程度、精度要求等做出综合判断。

（2）挤出机的应用

挤出机是整个三维打印中负责传动材料并将其精确挤出的硬件部分,它主要利用轴承和挤出齿轮之间弹簧的弹力夹紧打印材料,在实施打印时,将其拖入熔腔中,利用电子加热元件对材料持续加热至230℃,当材料熔化成

液体后,再将未熔化的材料继续拖入熔腔中,重复进行这一操作的同时,通过一个口径 0.4 mm 的喷嘴,将已熔化的材料推送至打印床表面。随着挤出机的不断移动,喷嘴将持续地流出材料液滴,并以自下向上、层层堆砌的方式进行打印(如图 6-2)。

图 6-2　三维打印的挤出机

（3）加热温床的应用

三维打印的加热温床一般放置在打印床表面。由于实物模型的底层部位最先打印,其冷却时间比其他部位更加提前,存在一定的收缩现象,导致实物模型的底部产生轻微的材料翘曲。使用加热温床可以针对最先冷却的材料进行保温,延缓其收缩速度,待到打印结束后,形成了整体的实物模型时再抽除加热温床,这样能够使实物模型的冷却时间相对一致,打印质量有所提高。

（4）电子元件的应用

作为三维打印机的控制类硬件,电子元件是负责整个打印机感应过程,以及驱动各部分硬件运行的重要组成部分。三维打印机的电子元件由一系列配套元件组成。其中,最核心部分应属电路板元件,它不仅能够控制机器的打印过程,而且也能够利用 USB 接口与计算机进行有效连接,在实现数据交换后,能够实现脱机打印,使打印过程更加易用、便捷。为了更好地满足打印功能的扩展性,绝大多数三维打印机中的电路板能够支持操作者自行选择不同的配置模块,以此支持不同类型的扩展屏显示,或实现同一机器下的多喷嘴打印的功能。

6.1.2　打印精度

随着三维打印机机架与电子元件的不断升级,打印喷嘴在 x 轴、y 轴方面的定位精度可以控制在 0.08 mm 范围以内,在 z 轴的定位精度甚至可以控制在 0.005 mm 范围以内。但是,这并不意味着打印机可以直接打印出以上精度的实物模型,模型的最小厚度主要取决于挤出机喷嘴的直径以及材料的属性[94-96]。材料本身也具备一定的厚度。尽管打印机能按照所谓的最小精度去定位材料外围落下的位置,但是材料仍然会占据较大的空间。所以,影响打印质量的真正标准应该是层厚,也就是打印机在 z 轴上的精度、喷嘴直径以及挤出机的综合表现能力。目前,绝大多数的三维打印机能够实现的最小打印层厚是 0.1 mm,如果对打印有严格的精度要求,就必须在建模层面提前做好相应的规划。

(1) 最小壁厚

在三维打印里有一个非常重要的概念就是打印对象的最小壁厚问题。最小壁厚与最小层厚概念截然不同,它是指模型内外表面之间的实际距离。最小壁厚不仅能够决定打印的实际精度,而且能够决定这个模型的相关强度,以及是否容易在打印过程中或打印结束后的操作中出现各种模型损坏现象。例如,某一古建筑墙体的厚度过于单薄,在打印累加的过程中出现倒塌现象;再如,某一古建筑的基座厚度过于单薄,在将模型从打印床面剥离时,模型表面出现局部纹裂或断裂现象。基于以上实际情况,同时也为了更精细地展示模型的相应细节,以及考虑到 PLA、ABS 等常规材料的收缩率问题,打印的最小壁厚一般默认为不低于

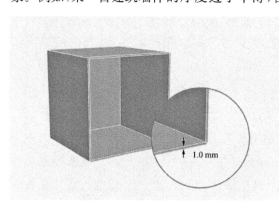

图 6-3　最小壁厚的精度

1 mm,这样能够有效避免打印实体模型的各类风险因素(如图 6-3)。

(2) 最小凹凸细节

最小凹凸细节是指打印对象的表面存在一定微微凸起或凹陷的细微结构,而这些凸起或凹陷的层高及层宽距离就代表最小凹凸的实际精度。一般情况下,最小凹凸细节精度主要由打印机的分辨率所决定,即凸起的层高和层宽最小值均默认为 0.4 mm,而凹陷的层高和层宽最小值均默认为 0.5 mm

（如图 6-4）。尽管操作者能够通过管理软件对此精度值进行一定程度的调整，但是在实际应用时，最小凹凸精度如果设置得过于精细，极易使模型的凹凸表面在材料冷却后起伏效果变得不够明确，从而影响模型的整体呈现质量。

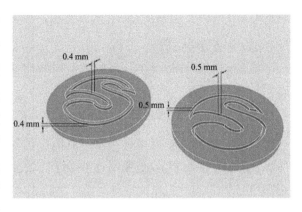

图 6-4　最小凹凸的精度

6.1.3　打印吻合度

打印吻合度是衡量造型是否准确的重要因素。在实际打印过程中，打印对象的吻合度主要取决于自身的结构特点、材料的属性及打印机的硬件条件等客观因素[97]。如果在打印之前，不针对这些综合因素进行全面的思考与处理，极易导致打印时出现各种难以预计且影响打印吻合度的错误现象，既浪费了大量材料，同时也没有实现预计的打印要求。

（1）关于悬空

悬空是三维打印中十分常见的一类现象，泛指打印对象的某一部分的下方是空的，没有相应的支撑结构。而打印机的工作原理是自下向上层层堆叠，如果下方没有足够的材料作为支撑，就难以构建实物模型。由于材料液滴也具有一定的厚度，在打印悬空部位的时候，会造成打印层松软或出现下沉，同时也可能沉积到下一层边缘以外，形成一个细长的悬挂细丝，严重影响打印的美观性（如图6-5）。一般情况下，在悬

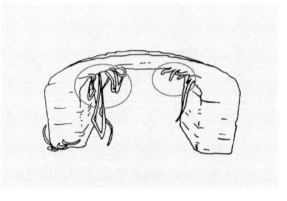

图 6-5　悬挂细丝现象

空角度大于45°时,此类影响打印吻合度的现象较为明显。

（2）关于密封

密封在三维打印中是一项比较琐碎的核查任务,它必须确保打印对象是一个连续、立体、多方位的几何模型,也可以通俗地理解为"不漏水"的几何模型,即对象的每一个表面不存在任何的漏洞、空隙及重叠点面的情况,否则打印管理软件难以准确判定对象的内部与外部之间的各种共用顶点、边界,也无法执行打印或极易出现断层、缺损等各类影响打印吻合度的错误。

（3）关于翘角

因为材料冷却过程中存在0.5%～2%的收缩率,所以打印边角出现一定的起翘现象,这就是翘角。如果打印对象体积不大,翘角现象不会非常明显;如果打印对象被设计得过长、过宽、过平整,每一单位面积产生的收缩累积起来,会向对象中心形成较大的拉力,造成明显的打印翘角现象,从而严重影响打印的吻合度。PLA与ABS都客观存在这个问题,相比之下,ABS材料的收缩变形更加明显（如图6-6）。

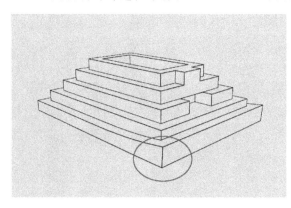

图6-6　边角起翘现象

（4）关于位移

位移是指对象在打印过程中出现了一定的错位,随着材料逐层堆砌,打印局部出现衔接不够准确的现象。在实际打印中,造成错位的原因比较复杂,主要体现在以下几个方面:其一,打印速度设置过高,而打印对象体积过小,步进机在升降或位移时无法精确捕捉定位点;其二,由于作业现场存在大功率电器使打印机电压不够稳定,从而影响到步进机的匀速运动;其三,打印过程中随着时间的推移,喷嘴处会形成越来越多的材料积屑,这些积屑有可能阻塞喷嘴路径,影响喷嘴的正常移动,并使步进机的数据丢失;其四,打印床面不够平整,使对象在打印过程中因底部材料冷却松动,出现一定程度的滑动位移现象。

6.1.4　表面处理

在打印的表面处理方面,曲面的效果往往比平面更加光滑,尤其是能够连续形成封闭且没有缺口的打印轨迹的时候,它的打印质量往往会非常理想[98-101]。例如,古建筑中的某一墙体部分,设置其厚度为材料的一次挤出宽度,那么需要将其设计成封闭的曲线或达到一定的实际距离,否则无法打印出平顺光滑的可靠实物。如果将其厚度增加若干倍,那么就能够形成有效的闭合曲线。这也意味着形成短刀具轨迹的打印对象即使是闭合的曲线,在打印过程中仍然会存在一定问题,这是材料被挤出后没有足够的冷却时间所造成的不利因素。此外,在实际打印时,管理软件会对悬空或重心不稳的对象表面自动添加一定数量的支撑,这些支撑在作为成品模型拆除后,有时候仍会留有一部分残余纹路在表面,非常难看(如图6-7)。造成这种纹路的主要原因有以下两个方面:

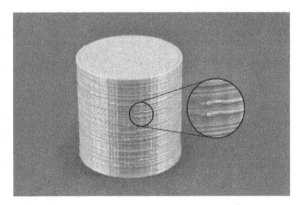

图 6-7　纹路过于明显

其一,打印速度过快,导致对象的每层轮廓均有一定出入,当材料累积之后,表面形成不够光滑的起伏关系;其二,打印材料质量不够理想,使喷嘴在打印过程中混有杂质,导致打印表面不够光滑。

6.1.5　材料强度

虽然绝大多数的打印材料都具备一定的韧性,但是由于打印采用逐层堆叠的方式,故打印后的材料强度并不会像铸造或机器加工的那样结实。最明显的是,同一种材料在模型的不同部位有可能呈现出不一样的特性[102-103]。例如,相比 x 轴或 y 轴方向,材料在 z 轴上形成的层间强度没有想象中的那么牢固,在某些时候,有可能因操作不当出现局部分层或开裂等现象,从而使打印结果失败。

(1)材料特性

由于不同材料的质地有所区别,所以它们所具备的材料特性也不尽相同。这种不同的特性关系,在打印时既有可能形成某一方面的优势,也有可能成为某一方面的缺陷。例如,PLA 材料收缩率相对较小,使打印结果相对光滑且不易变形,但是在极端复载的情况下,容易出现开裂或破碎的现象。再如,ABS 材料的延展性比 PLA 材料更好,利于打印悬空部位较多的对象,但是在处理对象边缘位置时,有时会因层间液滴的变形或流动,使打印结果出现表面弯曲或拉伸的现象。因此,在应用过程中,不能将材料的特性一概而论,需要针对打印对象的实际特点进行分析,权衡好利弊关系,做出合适的判断与选择。

(2)摆放方向

除了材料特性方面以外,还有另外一个值得关注的问题就是打印对象的摆放方向,也可以称为受力方向。每当喷嘴添加新一层材料时,喷嘴会在已打印的材料表面铺开一层新的液滴,而液滴逐渐被喷嘴挤压又形成一层新的材料层,这就意味着材料会在喷嘴的挤压下形成压力波。该压力波会与朝着喷嘴方向倾斜的材料表面

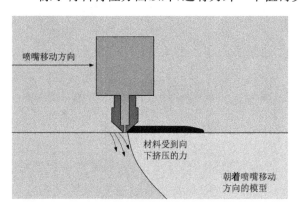

图6-8 压力波的方向

相互作用(如图 6-8),如果材料的强度不够理想,极易在这一过程中出现外部边缘受损现象,严重影响打印效果。

6.2 工作流程设计

对三维打印的工作机制进行相应的梳理与分析后,能够归纳出优秀的三维打印质量并非仅依靠优秀的打印设备或高参数的打印设置就能够快速实现,而是需要结合打印对象的样式与结构特征,找寻一种能够有效提高打印精度、强度、效率以及降低耗材使用量的三维打印方法[104]。这也意味着在后续的应用中,应当围绕打印对象的蒙皮、构件、拆分方式以及后期加工等若干方面实施相应的优化处理:首先,利用几何建模软件,将设计构思转化为三维模型,同时针对几何模型的主体蒙皮进行评估,调整并改善影响模型表面精度及用料过多的主要部位;其次,当蒙皮确定无误后,再对几何模型的细小构件进行评估,尤其针对细小构件的打印可行性进行确认,并将不利于打印的部位实施必要的改善手段;之后,当模型确认无误,在不影响模型质量的前提下,将模型进行必要的拆分,以此提高模型的打印强度,同时也可规避模型的各类冗余支撑;再次,将模型以 stl 或 obj 格式的文件导入管理软件,在管理软件中进行综合检测,并利用打印管理软件将模型转换为 G 代码文件以执行打印;最后,在打印结束后取出实物模型,并针对模型的外部支撑材料进行去除,通过打磨的方式对不够理想的模型表面区域进行一定的光滑处理,从而完成整套三维打印工作流程(如图6-9)。

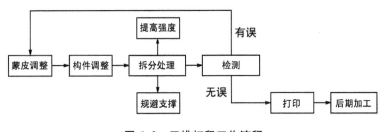

图 6-9 三维打印工作流程

6.3 工作方法研究

通过对应用流程进行相应的思考后,能够发现三维打印的核心工作主要是针对输入文件进行合理的评估与优化。在三维打印的应用过程中,实现一个高质量的打印成品离不开几何模型的系统分析、模型优化以及结构拆分等各个环节的协同配合。尤其对于造型复杂的古建筑而言,由于模型的面片创建方式大多为零散、琐碎、非规则状态,对于模型的优化处理要求与传统建筑模型相比,显得更加的细致与具体[105-106]。本节以苏州拙政园中的幽居亭为例,围绕三维打印的不同环节展开研究,以找寻一套高效、省料的三维打印应用方法,在实现模型一定精度的同时,也能够针对模型的衔接、组装方式、材料的强度等若干层面作进一步的分析与探讨。

6.3.1 蒙皮的优化

建筑蒙皮主要为建筑的外立面部分,也是打印过程中模型体量最大、消耗打印材料最多的主体结构。对模型蒙皮进行系统性的核查与改善,能够在确保建筑特征的基础上,使三维打印的过程更加稳定、牢靠,同时也能够有效减少各类打印错误。本例中的幽居亭为亭台建筑,亭台内部由四面洞形墙体进行围合,四角屋檐下配有 16 根立柱作为主要承重构件,亭台底部与台基相互衔接,总体特征精致且细节层次较为丰富。为了更好地使蒙皮在优化过程中没有遗漏,可以将模型从上至下,从建筑的屋面、檐枋、立柱、墙体、台基等区域,依次对模型的各部分蒙皮进行优化处理,确保模型的布线、面片转折、面片精度符合三维打印的技术指标要求。

(1)屋面的核查与改善

亭台屋面为四角对称样式,坡面拼接位置利用屋脊进行收边,屋脊交接处筑有宝顶。因此,在模型的评估过程中,针对蒙皮的转折位置应严格把关:首先,通过可编辑多边形中的顶点模式,将各个转折边界中的顶点全部焊接为整体,对面片交接与穿插部分,利用布尔差集的方式联立计算,并配合多边形下的边界模式,将布尔运算后产生的各类非结构线段全部移除,确保整体布线的简洁性;其次,针对屋脊的布线进行梳理,屋脊的段数分配应当间距均匀,同时分段数量满足坡面的曲线幅度即可,尽量以较少的分段数量实现较理想的曲面效果,在屋脊顶端的脊尖收口部位,可以适当加线,以强调屋角的

起翘之势;最后,对宝顶的布线进行梳理,宝顶的整体造型较为光滑,可以在视觉不够明显的阴角收口减少布线,同时选择宝顶的球面部分,利用面模式下的光滑组,在不增加面片数量的前提下,对其实施表面光滑处理,以完成屋面模型的整体优化(如图6-10)。

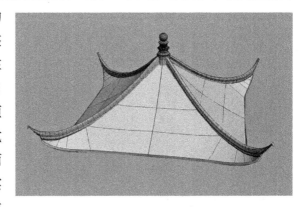

图 6-10　屋面蒙皮优化

(2)檐枋的核查与改善

屋面优化后,应及时对屋面与立柱之间的檐枋进行相应的调整。亭台的檐枋上下、内外共设有 5 层结构。每层通过 4 块板面,以局部咬合形式交错筑建,同时与斗拱及立柱局部衔接。在应用方法上,应通过以下几种方式进行优化:首先,利用捕捉核查不同层级的拼接关系,确保每层檐枋的拼接关系;其次,利用中心对齐使各个层级依次居中,将模型拼接部位进行联立,删除各层级之间的重合面片,并确定各个面片的共用边界(如图6-11);最后,对模型板面交错部分的穿插面片进行删除,确保交错部位的悬挑距离一致,同时核查檐枋顶部,使其

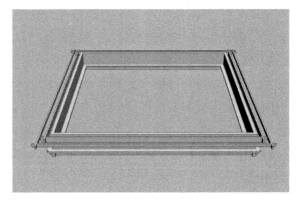

图 6-11　檐枋蒙皮优化

外轮廓与屋面能够严密拼接,以避免模型之间的镂空、散缝现象。

（3）立柱的核查与改善

关于亭台的立柱部分,应确保立柱与柱础的衔接关系,同时应针对立柱的打印精度进行相应评估与处理：首先,由于立柱在建筑蒙皮中为贯穿上下的承重部位,同时排列均匀,整体视效非常突出,因此将已创建好的立柱表面全部选择,对其应用光滑组表面处理,以增加柱面的光滑性;其次,对于立柱

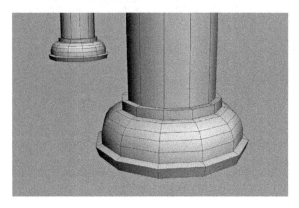

图6-12 立柱与柱础的衔接

与柱础的衔接关系,为了使三维打印的转折效果更加连贯,可以在柱体的基础上,通过多边形下的面片模式,将柱体底部面片挤出若干层级,同时结合缩放编辑,将各层截面的外部轮廓调节出柱础的曲面弧度,以此使柱体与柱础的立面分段间距完全一致,整体布线方式呈现连贯、延续的状态(如图6-12)。

（4）墙体的核查与改善

墙体在亭台的构建中,仅针对建筑中部的4根立柱进行围合,墙面的顶部上方配有檐枋,与中心部位的屋面下表面局部衔接。在具体的应用方法上,可以通过以下方式进行优化：首先,针对墙体的墙面洞口与拱形门套的衔接部位,利用多边形顶点模式将洞口的外边缘与门套边缘顶点依次对应,通过焊接使局部衔接模型联立成为整体模型;其次,对墙体顶部的三层檐枋之间的拼接关系进行核查,使各层檐枋均与墙体部位居中对齐,确保檐枋底面能够略微包裹住墙体顶面的外部轮廓,并呈现出梯阶式的收边状态,同时针对墙体与檐枋之间的重合面片部位进行删减与联立,使其符合现实构建规律。

（5）台基的核查与改善

作为蒙皮优化的最后环节,台基主要包括台面模型与台面以上的石椅模型,在处理方式上：首先,应确保各个顶点闭合,同时石椅的内部轮廓紧贴外围12根立柱的柱础表面,切勿将模型穿插摆放,以避免后续管理软件无法判

定模型边界,导致打印失败;其次,将石椅以四角对称的形式合理摆放,使各个方向间距一致,并将石椅与台面的重合面片全部删除,使其联立为整体模型;最后,由于台基的建筑跨度较大,应针对台基、石椅的上表面进行必要的细节深入,利用多边形边界模式下的倒角编辑,依次将模型的边界转折处理成光滑的转折效果,以此提高模型的精致度。通过对以上方面的核查与改善,模型的蒙皮得到全面优化,不仅确保布线方式简洁、有序,而且能够在亭台的关键部位呈现出古建筑造型特有的真实感与细腻感,具备一定的视觉可信度(如图 6-13)。

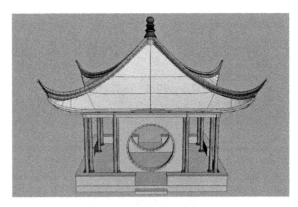

图 6-13　蒙皮的整体呈现

6.3.2　构件的优化

建筑模型的构件主要指一些需要独立创建,且模型体量较小的局部构件。在亭台中主要有撑拱、斗拱、瓦片 3 类构件。在对细小构件进行核查的过程中,不仅需要考虑模型的精度、面片的构建方式,而且应当针对模型的细部尺寸,全面思考打印机能否按照所需比例、尺寸的相关要求打印出构件的全部细节,以避免构件尺寸过小,导致打印结果出现各类细节缺损或丢失的现象。结合本例构件,通过以下方法对 3 种不同类型的细小构件进行优化处理:首先,针对撑拱进行核查,撑拱为镂空雕花造型,应利用测量工具获取雕花的单根木条宽度为 20 mm,按常规打印比例 1/40 进行缩放后为 0.5 mm,虽然符合打印的最小精度范围,但是形成的刀具轨迹较短,模型表面难以光滑,故将其宽度改为 40 mm,确保缩放后实际距离为 1.0 mm,并将撑拱的所有顶点焊接为整体,减少因顶点重合而形成的各类冗余数据(如图 6-14);其次,针对斗拱进行核查,本例斗拱为双层式样,因此将两层之间的重合面片全部删除,选择斗拱的各个部位附加成整体,将外围每根立柱顶部的斗拱与柱心对齐,并将其余的斗拱以等间距的方式放置于外围立柱之间,同时使每个斗拱上层的 3 个木方分别拼接外围檐枋上面两层的底面，建立真实的支撑关系；最后，针对瓦片进行核查，以每列瓦片为单位，检查瓦片的起伏关系，确保瓦片的截面步数与路径段数设置合理，同时按照屋面的实际坡度，将每列瓦片均匀地摆放于屋面之上。这里需要注意的是，在实际摆放时，由于屋面具有一定坡度，无法非常精确地将两者进行严密拼接，为了确保模型不出现局部悬空现象，可以适当地将瓦片以轻微重合的方式放置于屋面上方。通过上述方法对构件细节进行优化，不仅能够有效降低耗材的使用量，使构件符合打印的尺寸要求，而且使整体模型呈现出较为理想的视觉效果（如图 6-15）。

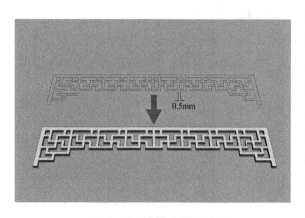

图 6-14　撑拱的调整过程

图 6-15　模型的整体呈现

6.3.3　拆分处理

在三维打印的应用中，当模型的打印尺寸超出打印床面的最大尺寸限制或由于模型存在大量悬空结构有可能出现打印层松软下沉现象时，应及时地针对模型中的各个结构进行必要的几何拆分。拆分的原则可以依据模型的实际构成特点灵活处理，既要使模型的各部分结构完整无损，也要利于拆分后的模型能够准确拼装。通过这样的处理方式，既可以有效确保模型的实际打印质量，也能够积极提高模型的材料强度，巧妙地规避悬空区域的外部支

撑，又能够有效减少材料的使用成本，从而使打印的实际效率更加稳定与
高效。

（1）拆分方式

为了使拆分后的模型不影响后续拼装的整体效果，同时也考虑到三维打
印的客观物理约束，在拆分处理上可以依据以下原则对模型进行处理：其
一，应及时了解打印机内部成型空间的实际尺寸，使拆分件的摆放尽量与打
印机的各个维度留有一定余地，同时摆放间距不易过密，以便于打印成型后
的模型能够快速取出，防止在取出过程中因人为触碰造成的各类模型损坏；
其二，无论是纵向拆分还是横向拆分，应当确保每个独立结构的模型完整性，
同时在确定拆分位置方面，应当尽量选择模型立面有垂直或水平分界、阴角
转折的部位，这样可以使后续拼装过程中产生的各类接缝不会影响到模型的
整体效果；其三，在实际打印的过程中，模型的拆分数量越少，材料冷却时间
与收缩程度会越一致，为此可以针对模型中一些精度要求较高的单元结构，
将其以少量的形式集中放置，并通过打印机按照其摆放顺序依次实施打印，
进而提高该类模型的整体打印质量。

（2）提高强度

为了减少材料的使用量，在建模环节已将大部分模型结构设计成独立模
块。但是这样的构建方式，在拼装的过程中极易出现黏合不准确或支撑变形
等现象。为了更好地解决这一问题，可以在模型的拼装部位设计一套能够对
模型的拼装过程有所帮助的咬合构件，使拼装过程更加紧密与连贯。以柱础
与台基的衔接关系为例，通过如下方法对强度进行提高：首先，可以在模型
整体创建之后，在台基上表面每根柱础对应的位置建立圆形的二维线，同时
使圆形半径比柱础半径略长，两者之间的打印公差间隙为 0.1～0.2 mm 为
宜，使其能够具有一定可活动间隙进行拼装；其次，利用图形合并将台基与圆
形合并为整体模型，并将新生成模型中的各类杂点，尤其是图形合并位置圆
形轮廓上的杂点，依次全部移除；再次，将台基转换为可编辑多边形，通过面
模式将新建立的圆形表面全部选择，将其沿 y 轴的负方向挤出合适的深度；
最后，利用多边形下的顶点模式，将所有柱础的底部距离延长，确保延长部位
与圆形表面挤出的深度一致，以此使柱础与台基能够以相互嵌入的方式进行
衔接（如图 6-16）。除了台基与柱础的衔接关系以外，也可以利用类似方法

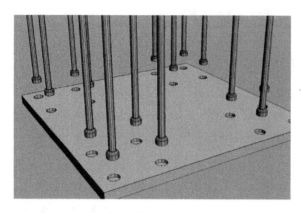

图 6-16　柱础与台基的衔接

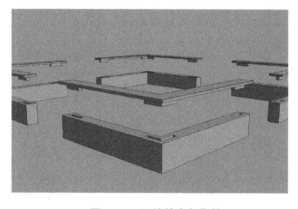

图 6-17　石椅的内部衔接

将石椅内部的台面与椅座的衔接部位进行相应处理：首先，利用多边形边界模式，对台面上表面进行布线，在台面的两端及中部的 3 个不同位置创建连接截面，并将其挤出合适距离，形成新的几何模型；其次，在椅座的上表面，以布线的方式建立与台面相互对应的凹陷轮廓，配合挤出编辑将其沿 y 轴的负方向挤出与连接构件相吻合的实际距离，同时确保一定的打印公差间隙，以此建立两者之间的相互嵌入关系（如图 6-17）。通过这样的方法，不仅能够提高模型的拼装准确性，增加模型的材料强度，而且能够有效减少后续拼装的接缝痕迹。

在处理完模型的衔接关系之后，也应及时针对打印过程中一些具有斜边，且容易与喷嘴角度形成压力波的模型结构，利用人为调整的方式改变受力部位。例如，模型内部的各个斗拱模型，可以将其角度适当旋转 45°，使之与喷嘴的 x 轴与 y 轴的位移方向以交错的形式进行摆放，使喷嘴与材料接触时所产生的压力波传输方向仅能够沿着旋转后的角度局部冲击模型表面。这样能够在一定程度上减少压力波的实际传输距离，从而有效降低模型各层级之间连续变形的可能性。

（3）规避支撑

当模型有水平角度大于 45°的斜边时，打印机会在悬空区域自动添加外部支撑,以防止打印材料下坠。但是,过多的模型支撑件不仅会严重影响打印的实际效率,而且也会给后期加工的精度与材料的使用量造成一定的困扰及负担。为此,对于造型较为复杂的亭台而言,应更加注重对模型支撑材料的合理规避问题,并通过以下过程对其进行处理:首先,对整体模型的各个转角进行仔细核查,将转角大于45°的角依次找出,在不影响模型精度与样式的前提下,结合多边形边界模式下的切角编辑,将模型的边界转折关系进行过渡,并将大于45°的各个转角细分为若干个小于45°的转角,以此直接规避外部支撑的形成;其次,将斗拱、撑拱等细小构件利用切片沿 x 轴与 y 轴单独拆分,将其集中归为一类,并与其他模型的结构拆分区别开来,以作为需要精确打印的模型对象;再次,通过多边形面模式下的切片编辑,将模型仅沿 z 轴

方向进行切割,并设计好各层级之间的拼装连接方式,切割位置不仅应尽量选择较为隐蔽的转折区域,而且也应使切割后的模型为独立、完整的结构,利用切片切割后的模型结构,按照从上到下的顺序依次为屋檐、檐枋、立柱、墙体、台基,这样可有效减少模型 z 轴方向外部支撑的实际距离(如图 6-18);最后,探究摆放规律,将所有拆分后的模型结构以上表面小、下表面大的方式统一摆放,并确保模型中有斜边的面或需要重点打印的面不与打印床面的法线方向相互对立(如图 6-19),以避免在后续去除

图 6-18 模型的 z 轴拆分

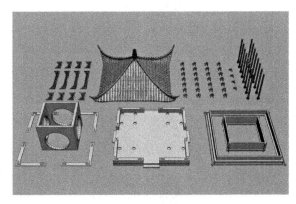

图 6-19 模型的摆放规律

外部支撑的过程中,对模型不够平整或重要面片的表面留下加工处理的痕迹。通过以上处理手段,不仅能够提高模型打印的实际精度,而且能够以较为巧妙的方式规避大量外部支撑的形成。

6.3.4 检测调试

在模型优化与拆分处理后,应及时对模型的打印比例进行核查,确保模型的所有结构均按照 1/40 的打印比例进行缩放,同时将检查的模型依据实际需要,分批转换为 stl 格式的文件,以便于导入打印管理软件 MakerBot Desktop 中进行应用。目前,该管理软件能够从模型的面片关系、顶点闭合以及内部填充等若干方面进行检查,同时能够依据检测结果,对模型打印实施的相关参数进行综合设置,以此实现模型的检查调试的整个应用过程。

(1)模型检测

模型的检查在打印执行前是一个非常重要的环节,并对实际打印的质量起着决定性的作用。将模型导入管理软件后,可以通过以下方法对模型实施具体的检测处理:首先,模型以 stl 格式在管理软件中会呈现为三角面细分模式,总体分辨率虽然有所提高,但是模型的局部表面也会存在一定的棱角,可以将模型面片全部选择,对模型整体执行一次网格光滑,使其平顺光滑;其次,模型的面片除了法线方向朝外,还必须为流形状态,即多个面不能共享一条共用边界,需要对模型执行面片检测,面片检测后模型的边界轮廓如果呈现为绿色,说明模型的面片关系正确,如果局部为红色,需要将红色部位依次选择,利用对象修改模式下的面片校正编辑对模型的错误面片进行法线翻转及删减处理,直到模型的边界轮廓线全部呈现为绿色为止;之后,执行顶点检测,利用类似的方法,将模型出现的各类红色顶点全部选择,通过对象模式下的顶点闭合编辑将模型未封闭部位的顶点依次处理成闭合状态,即所有顶点呈现为绿色状态;再次,将修改无误的模型按照打印顺序,分批放置于世界坐标的中心位置,这样在实际打印时,由于加热温床中间位置的温度相对均匀,能够确保打印材料的收缩状态相对一致;最后,在打印叠加的过程中,像台基这样跨度较大的封闭模型,系统会以自适应的方式在其内部自动生成填充材料,为此可以将台基模型单独选择,对其执行打印预处理,查看台基内部的填充密度与材料占比值,如果系统的填充程度较高,可以根据需要将密度值设置为40%～60%,进而减少不必要的材料消耗与时间消耗。

（2）打印设置

在建模软件的虚拟世界里绘制模型的时候,并不需要太在意模型的实际精度,但是在打印设置时,必须明确打印的精度、速度等相应参数,以防止打印过程中参数设置不当导致打印细节出现错误。具体通过以下方法进行设置:首先,针对需要单独精细处理的模型部分,可以将打印的定位精度设置为0.02 mm,而对于一些需要体量较大,且结构关系较平整的模型,例如墙体或檐枋等,可以将其定位精度设置为0.03～0.05 mm;其次,根据不同的定位精度要求,将定位精度较高的模型打印速度设置为30 mm/s,将定位精度较低的模型打印速度设置为50 mm/s;最后,针对模型的填充方式进行确认,管理软件能够提供网格与六边形两种模式,填充方式虽然不会影响打印外观及耗材用量,但是会影响打印的物理强度,为此可以选择强度较高、打印时间略慢的六边形模式,从而使打印出来的实体模型更加坚固。通过以上方法,不仅能够有针对性地提高模型的细节精度,而且能使打印过程更加高效与安全。

6.3.5　后期加工

当模型打印完成并去除外部支撑后,应对表面纹理较明显的区域进行光滑处理,使去除支撑后的模型表面变得更加平整与细腻。可以借助工具加工的手段,对模型进行以下几种方式的处理:其一,利用砂纸打磨,结合不同种类的砂纸,以从粗到细的方式对其进行处理,如果模型有一定精度要求或需要作为连接部位时,应提前预估好打磨所消耗的材料量,避免过度打磨造成模型的局部发生变形或报废;其二,利用珠光处理,珠光处理是指手持喷嘴朝抛光对象高速喷射介质小珠,从而快速达到抛光的视觉效果,抛光后的模型表面不仅光滑,而且具有均匀的亚光效果;其三,利用蒸汽平滑处理,将模型浸渍在蒸汽罐中,利用罐底达到沸点的液体温度,融化模型表面层厚0.001～0.002 mm,使视觉效果变得光滑闪亮。

6.3.6 实验统计

依据前面各节中的应用方法,结合幽居亭的建筑特点,对模型系统性地展开优化、拆分、调试及加工等环节后,能够得到最终的成品模型(如图6-20、图6-21)。通过观察可以发现成品模型的整体打印质量良好,面片关系正确,结构转折过渡自然,拼装接缝隐蔽,且模型的细节非常丰富、精致,在确保没有明显的细节缺损及局部打印错误的同时,具备良好的视觉呈现效果。

图 6-20 亭台的成品模型 I

图 6-21 亭台的成品模型 II

除了视觉效果以外,利用本套方法对模型进行一系列调整及改善后的打印数据比直接将模型进行打印的数据更加理想。经测试,可以得出改善后的成品模型,无论在面片数量、打印时间、定位精度以及材料的消耗量等方面,均比改善之前整体模型的打印数据更为精确、简约、高效,能够在古建筑的应用方面,具备较突出的打印优势,相关测试记录可见表6-1。

表 6-1 三维打印数据统计

类 别	面片数(个)	时间(h)	精度(mm)	耗材(g)
(未改善)整体亭台	33 506	6.15	0.05	485.2
(已改善)屋檐组合	12 401	2.10	0.03	160.8

（续表）

类　别	面片数(个)	时间(h)	精度(mm)	耗材(g)
（已改善）檐枋组合	1 007	0.17	0.03	13.2
（已改善）立柱组合	1 936	0.33	0.03	25.2
（已改善）墙体组合	1 012	0.17	0.05	13.5
（已改善）台基组合	1 158	0.19	0.04	15.7
（已改善）斗拱组合	3 712	0.92	0.02	51.5
（已改善）撑拱组合	2 528	0.65	0.02	36.3

7 虚拟现实的关键应用方法

7.1 工作机制分析

虚拟现实技术又称灵境技术,该技术先后历经了四代变革,并在 20 世纪 90 年代末开始重点发展。从理论上来讲,虚拟现实技术是一种可以创建和体验虚拟世界的计算机仿真系统,它利用计算机的硬件及软件共同生成一种三维虚拟环境,是一种多源信息融合的、交互式的动态化视景和实体行为的仿真系统,能够让用户彻底地沉浸到虚拟环境中[107-109]。随着计算机技术的不断发展,虚拟现实技术也受到了越来越多的认可,用户在虚拟世界中不仅能够在全景范围内自由地切换视线、依据视线轨迹灵活地改变视角,获取不同距离的视觉效果,而且也能够在虚拟世界的有序集合体中进行漫游与交互,感受一定的物理碰撞、光照变化、嗅觉与听觉等各种场景深度信息,获得较全面的临场感受[110]。但是对于造型复杂的古建筑而言,其极易因冗余面片的优化不当、材质与灯光细腻程度不够以及漫游与交互的模式欠佳而使虚拟现实在人们的体验过程中出现跳帧、失真、眩晕等不利现象,给用户的实际体验带来不够理想的视觉效果。为此,想要完成一套体验流畅、稳定且符合真实物理规律的古建筑虚拟现实作品,就必须从虚拟现实工作机制的若干层面展开全面剖析,探索其中能够提高实际体验效果的各种因素,同时归纳好虚拟现实的材质、光照、蓝图、物理碰撞等系统在古建筑保护领域的各种应用可能性,提出一套系统、高效、科学的虚拟现实实施方案。这样不仅能够真实呈现古建筑材质与灯光的相应细节,使其符合交互运动感知的实际需求,而且也能够有效促进虚拟现实体验的稳定性,针对古建筑数字虚拟技术中的其他应用技术在漫游与交互方面提供必要的理论支撑与技术保障。本章将以目前技术水平较高的虚拟现实软件 Unreal Engine 作为研究平台,对其在古建筑中的关键应用方法进行探讨。

7.1.1 材质系统

目前,绝大多数的虚拟现实软件都包括材质、光照、蓝图、物理碰撞等各类系统。其中,材质系统作为基础系统,对虚拟现实对象的质感仿真起着至关重要的作用。它比常规渲染软件中的材质构成方式更加复杂,不仅能够在虚拟现实的仿真过程中定义各类对象的表面类型,如固有色、光泽度、透明度、自发光等,而且还能够在动态的漫游交互过程中进行实时计算,即在不同的交互模式下或不同的关卡中呈现丰富的材质效果[111]。此外,由于虚拟现实的渲染引擎一般为图形处理器(GPU)物理渲染类型,所以使用逼真的材质参数与光照阴影才能够准确地表现现实世界中的各类材质效果。通常情况下,虚拟现实的材质系统,主要包括材质的表达式与网格、固有色输入、纹理贴图和材质属性等内容。

(1)表达式与网格

在虚拟现实中,材质的表达式与网格并不全是利用计算机代码实现的,而是可以将材质编辑中的材质表达式作为可视化脚本节点,以组成系列网格的方式去构建材质的各种实际效果。其中,每个独立节点都包含了一部分高阶着色器语言(High Level Shader Language)的代码片段,用于执行不同特定阶段的材质编辑任务[112-113]。这也意味着在构建材质效果的过程中,可以通过相应的可视化脚本之间的逻辑联立去快速创建材质的着色图像(如图 7-1)。

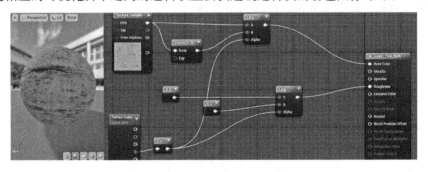

图 7-1 材质表达式与网格

（2）固有色输入

材质在固有色输入方面主要通过不同的通道类别共同构建，分别包括 R（红色）、G（绿色）、B（蓝色）、A（Alpha）4 种通道。其中，前 3 种通道与仿真渲染中的 RGB 不尽相同，这主要是因为虚拟现实中的 RGB 仅能够通过浮点值去储存对象的混合着色信息，且每个通道的取值范围一般为 0～1，所以它不能像仿真渲染那样，通过借助材质的色相、饱和度、明度的 0～255 取值范围去获取最终的着色信息。此外，在某种特定的模式下，当取值超出既定范围时，材质表面会产生强烈的自发光或吸收光线等特殊行为。例如，在自发光的模式下，如果固有色的取值大于 1，不仅使自发光变得更亮，而且会对周边环境产生较明显的光照影响。除了满足单一材质的固有色建立以外，虚拟现实的材质系统还能够针对不同的材质固有色进行叠加处理。例如，对于某两个材质，可以通过加法节点使其叠加成整体。那么它的前 3 个通道的 RGB 取值便可满足 R（红色 1＋红色 2）、B（绿色 1＋绿色 2）、G（蓝色 1＋蓝色 2）的联立结果。这里需要注意的是，针对不同材质固有色进行联立计算，应确保通道类别一致。例如，可以将两个材质的 RGB（3 通道）相加，但是不能将某一个材质的 RGBA（4 通道）与另一个材质的 RGB（3 通道）相加，其中一个材质缺少 Alpha 通道会导致材质的联立计算类别叠加错位或无法编译最终结果。但是，这样的规则也有一个特殊的例外情况，即其中一个叠加材质的 RGB 为单通道标量，在这种情况下，该标量值可以与其他材质通道进行联立计算。

（3）纹理贴图

对于虚拟现实的材质而言，纹理贴图不仅能够提供某种基于像素的数据图像，而且这些数据有可能包含对象的颜色、光泽度、透明度、凹凸以及其他方面。虽然创建纹理的过程非常关键，但是在实际应用中，应当将纹理仅看作材质的元件，而不是将它认定为最终的贴图成品，这一点在虚拟现实的应用中非常重要，这是由于一个单一的材质有可能要用到几个不同的纹理贴图来展现不同的表现效果。例如，一个简单的材质可能会用到基础贴图、高光贴图、法线贴图、粗糙度贴图、自发光贴图等各类能够影响材质肌理的贴图。虽然这些贴图很有可能同时作用于同一个贴图的布局中，但是纹理贴图中的不同颜色所实现的纹理呈现目的各不相同。在虚拟现实中，纹理贴图的类别均存在于材质的外部，需要通过材质表达式节点将其引入材质编辑中，从而建立不同类别的材质纹理贴图。

（4）材质属性

材质的属性是影响材质质感的重要因素。在虚拟现实的渲染程序中，材质的最终质感效果是由多个部分混合影响所组成的，每一个部分均是材质属性的输入接口。它主要包括底色、金属度、高光、粗糙度、不透明度、折射率、菲涅耳衍射等多个方面。相较于仿真渲染中的材质属性而言，它的属性内容显得更加的细致与具体。但是，这并不意味着所有的输入都能同时使用，它的可用状态由不同混合模式与着色模型的综合质量共同决定。

7.1.2　光照系统

虚拟现实的光照系统采用的是光照贴图（Lightmass）的实时算法，该算法能够通过群代理（Swarm Agent）预计算一部分静态和固定的光照信息，在本地获取像区域阴影和间接漫反射这样的复杂光照效果[114-116]。通过利用材质的各种属性因素，决定对象表面各个方向上的着色信息与颜色扩散信息等，以帧速率同步到每一帧进行更新渲染，同时也可以将完整的光照信息分布到远程机器上，以此实现虚拟现实的体验过程。到目前为止，虚拟现实的光照系统主要包括定向光源、点光源、聚光源、矩形光源及天光光源等类别，并通过静态、固定、可移动这几种模式对各类光源的虚拟现实状态进行约束与限定。

（1）定向光源

定向光源是一种不具备衰减的平行光线，主要作为室外的主要光源。在实际照射的应用中，定向光源能够呈现出一种由远及近，或位于无限远处的光源照射效果，使受光对象的投射阴影效果均为平行状态，同时也能够形成较为锐利的阴影边缘效果。因此，在绝大多数的情况下，定向光源也是场景中模拟阳光照射效果的

图 7-2　定向光源的照射

最佳选择,它能使场景的光照效果呈现出较为强烈的对比关系(如图 7-2)。

(2) 点光源

点光源的工作原理有点类似灯泡的工作原理,能够从光源的中心均匀地向四周各个方向发出光线。虽然点光源只能从某点发射光线,且没有具体的光源形状,但是在虚拟现实中,点光源能够通过自身的半径距离针对对象的反射程度与高光效果进行模拟,从而使点光源具有更多的物理真实感(如图 7-3)。此外,当点光源

图 7-3　点光源的照射

的光线超出衰减半径时,光源不会对周围的环境产生任何光照影响。

(3) 聚光源

聚光源也是从场景中某一个单独的基点处向各个方向发出光线,但是它的光线照射范围会受到一组锥角的限制。这组锥角可分为内锥角与外锥角。在内锥角中,光源达到最大亮度时,能够形成一定程度可见的受光面积。同时,光线从内锥角到外锥角会产生柔和的衰减变化,受光面积的边缘处也会随之形成柔和的阴影过渡效果。通常情况下,聚光源主要通过它的半径距离去定义锥体约束的实际距离。简单而言,它的工作原理与手电筒或舞台聚光灯相类似(如图 7-4)。

(4) 矩形光源

矩形光源主要是在一个定义好宽度与高度尺寸的矩形平面内集中光源能量,并且仅沿着 x 轴与 y 轴正负方向的球形衰减范围

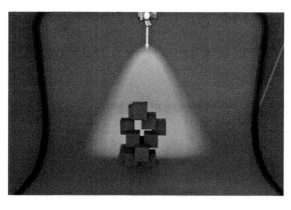

图 7-4　聚光源的照射

内发射光线的光源。在实际应用中,它主要用于模拟场景中拥有矩形面积的任意光源。例如,矩形光源能够模拟出人工光源中的灯槽、灯片等光线发射极为规则的照射效果,或者也可以将它作为场景中某一片整体区域的辅助光源,利用该光源的矩形形状,针对需要

图 7-5　矩形光源的照射

补充光线的地方均匀地照射。矩形光源照射下的区域能够呈现出整体对比极为微弱的光照效果,且光照范围内产生的阴影死角数量相对较少(如图 7-5)。

（5）天光光源

天光光源主要是一种不需要通过任何方向、角度、衰减距离去约束的光源,它能够对场景的整体环境产生均匀、微弱、细腻的照射效果,同时也能够使场景产生一定程度的色彩扩散效果。通过该光源不仅可以烘托出场景中来自大气层、天空盒顶部的云层或者远山的天空光辉,而且也能够与场景中立体的环境贴图的颜色相互作用,以一种真实的漫射形式对整个场景进行光线笼罩及亮度匹配。

（6）光源模式

虚拟现实的各类光源都包括了静态、固定、可移动的不同设置模式,它们共同构建了光照计算过程中的各种约束条件,并作用于虚拟现实的体验过程:其一,设置静态模式能够确保光照效果不随场景的各类变化而被调整,同时也是光照实施计算最快的一种形式,能够快速将场景进行光照烘焙;其二,设置固定模式能够使光照产生的阴影与光照贴图所计算的各类光线为静止状态,而其他的各类光线仍然可以依据场景的各类变化而变化,通过固定模式的设置可以允许虚拟现实中的部分光线更改颜色或强度,但它无法移动位置,仅能够通过使用一部分的预计烘焙光照进行光线调整;其三,设置可移动模式能够确保场景中的光线全部为动态效果,同时也允许阴影随光线变化产生实时调整,这个模式虽然能够使场景的仿真效果变得更加真实,但是也

会使硬件的资源消耗加重,使光照贴图的实时计算速度变得相对迟缓,从而对虚拟现实体验的流畅性造成一定的影响。

7.1.3 蓝图系统

蓝图系统(Blueprint)在虚拟现实中是一种可视化脚本。它可以通过系统内部的桥接线将节点、事件、函数及变量等按照一定的逻辑流程联立计算为一个整体,以此实现虚拟现实中诸如目标构建、个体函数以及用户事件等各种行为的动态交互功能[117-118]。蓝图在虚拟现实的每个独立关卡中都能单独设置,同时也可以与存放在关卡中的其他蓝图进行有效交互,能够读取或调用关卡中的每一个变量与自定义事件等。目前,绝大多数的虚拟现实蓝图系统都包括关卡蓝图与纯数据蓝图两种系统,使用户能够灵活地在蓝图编辑中进行综合应用。

(1)关卡蓝图

关卡蓝图是一种用于关卡范围的全局事件的专业蓝图。在默认情况下,项目中的每个关卡都创建了自己的关卡蓝图。这也意味着用户不需要通过蓝图编辑器接口创建关卡,就可以直接在蓝图编辑器中构建交互内容。通过关卡蓝图能够快速定义整个级别相关的各类事件,实现各类关卡内部 Actor 的特定实例,以及用于函数调用或以流控制操作形式触发各种动态的操作序列(如图 7-6)。此外,虚拟现实还在关卡蓝图的编辑中提供关于关卡流送功能和编曲控制机制,以及将项目的各个事件绑定到关卡内部 Actor 的控制机制等功能[119]。

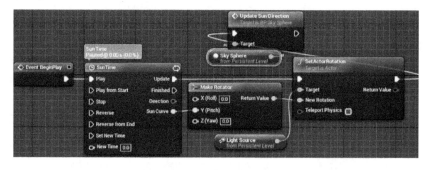

图 7-6 某关卡光源事件构成

（2）纯数据蓝图

纯数据蓝图主要是指一些仅包含代码、变量以及父子继承关系的组件类蓝图。纯数据蓝图允许用户快速调整及修改各类具备继承关系的对象属性，但是不能从事件中构建新的元素。从本质上而言，这一类蓝图能够根据用户需要，将各类事件原型通过某种方式进行替换，同时也能够及时更改各类事件的属性或构建某些具备变种关系的事件内容。此外，纯数据蓝图能够合并不同事件的属性内容，可以通过蓝图编辑器去添加代码、变量以及各类组件，也能够将其转换为较为完整的蓝图。

7.1.4　物理碰撞系统

虚拟现实的体验效果并非仅依据场景的实时渲染质量，还应具备精确的物理模拟。为此，虚拟现实提供了物理碰撞系统（PhysX）来驱动场景中各种对象之间的碰撞行为，对其执行碰撞检查以及实现不同对象之间的各种物理交互效果。这能够有效改善每个场景的代入感值，使用户认为自己正在与场景进行互动，而这个场景也会以某种方式或其他方式对此做出响应[120-121]。通常情况下，虚拟现实的碰撞响应主要有阻碍、忽略及重叠等模式。其中，阻碍响应就是阻止任何对象穿透自己，当别的对象以一定速度撞上自己时，两者之间不会发生任何互相穿透现象，诸如像地面这样的不可移动的对象，能够在场景中针对其他各类对象实施阻碍功能，同时自己也不会因任何对象的碰撞产生任何位移或几何变形现象。而忽略与重叠这两组模式，既有相同点又有不同点，相同点在于它们都能够允许不同的对象与自己实施相互重叠、穿透的物理现象；不同点在于重叠模式可以单独设置开始接受重叠或开始结束重叠的特定位置及时间，忽略模式却始终允许任何对象随时与自己建立穿透的物理关系，不受任何客观约束条件的限制。

7.2　工作流程设计

通过围绕虚拟现实的工作机制展开分析，可以归纳出虚拟现实的制作方案，这其实是一个非常具体与细致的实践过程。对于一个完整的虚拟现实作品而言,它的仿真、交互的体验效果如何,一方面取决于模型的完备性与模型的精确程度,另一方面也主要取决于是否能够针对虚拟现实的材质系统、光照系统、蓝图系统以及物理碰撞系统中的应用方法展开全面思考,把握好各类方法之间的主次关系与层递关系,以此实现虚拟现实制作流程的简约性。在有效减少场景中各类冗余数据的同时,也能够为虚拟现实的体验带来更加精准、细腻的沉浸感与临场感[122]。需要以一种整体、连贯的应用流程对虚拟现实的相关制作展开实施:首先,在几何建模软件中,依据虚拟现实工作机制的特点,针对场景的构建方式进行系统性的核查,确保场景模型的法线正确,面片构建方式合理,各类模型的基本纹理贴图均符合虚拟现实的软件应用要求;其次,针对模型的纹理贴图与模型精度之间的关联性展开剖析,利用贴图烘焙将部分低精度模型进行纹理投射,以实现高精度模型的肌理呈现效果,在合理降低计算机资源消耗的同时,也确保场景的相应细节有所增加;之后,将场景导入虚拟现实软件中,同时针对场景的结构特征,围绕材质与灯光两个方面进行综合设置,使材质的纹理与属性、灯光的布置与属性能够呈现出较为理想的仿真效果;再次,针对场景的灯光交互、漫游交互进行蓝图编辑,设计各类可触发的自定义事件,完成相应的变量设置,并构建事件、节点的联立关系,形成完整的蓝图构架,进而更好地提高虚拟现实的交互乐趣;最后,针对场景中的部分对象,将其绑定物理碰撞模式,以满足真实的物理仿真效果,直至将整体场景打包输出,配合虚拟现实头显设备实现最终的沉浸式体验,从而完成整套虚拟现实工作流程(如图 7-7)。

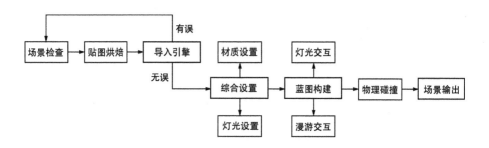

图 7-7　虚拟现实工作流程

7.3　工作方法研究

　　基于应用流程的建立,能够看出虚拟现实制作过程中较为重要的核心环节仍然是围绕场景中的灯光、材质、交互以及物理碰撞等若干方面进行细致的思考与构建。因此,需要针对各个应用环节,去找寻能够将古建筑真实、细腻地进行呈现,且实施过程较为高效、便捷的应用方法,使虚拟现实的仿真效果既能够符合古建筑的实际特点,同时又突出古建筑独有的建筑气质与古典氛围。通常情况下,虚拟现实在建筑的室内空间中应用较多。在具体的应用过程中,能够通过在室内空间中设计一定的漫游轨迹去充分展示空间界面与家具的真实形态,也能够通过相应的技术处理手段,允许用户与一些诸如家具、灯具之类的空间对象发生真实、生动的交互行为,以此提高用户与古建筑空间之间的互动积极性。为此,本节将以无锡梅镇民居中的某古典室内空间为例,围绕其虚拟现实过程中的不同环节展开探讨,着重揭示虚拟现实各应用环节之间的内在联系,建立一套能够为其他各类古建筑室内空间提供一定参考与借鉴意义的应用方案。

7.3.1　场景核查

　　场景核查是虚拟现实交互实现的前期工作,场景质量的好坏不仅会影响虚拟现实的图像呈现效果、交互体验感受,而且也会给虚拟现实的后续实施方案及硬件消耗带来一定的影响。为此,在场景核查环节,应着重针对场景的模型质量与贴图质量两个方面进行梳理与思考,避免场景处理方式不当导致虚拟现实在动态呈现时出现各类难以预计的图像失真或跳帧现象。结合本例空间,其总体布局分别由主厅、内厅两个室内空间连接而成。其中,主厅能够满足日常会客、休息功能,而内厅主要具备书房的藏书功能。此外,本例中的主厅与室外东、南两侧的露台分别衔接,且地面的装饰方式均为木质地板,整个主厅的室内空间中设有长椅、圈椅、茶几、几案、书柜、灯具以及一些精致小巧的工艺装饰品等,凸显出明清时期浓厚的古典装饰韵味。为了更好地确保场景的构建质量,需要针对室内空间中的上述各类对象展开全面与细致的核查工作。

（1）关于模型

虚拟现实制作对几何模型建模的要求，与仿真渲染对模型的要求大致相同，只是在一些模型的局部构建方式上存在区别，因此需要针对室内空间的以下几个方面进行重点梳理：首先，确保模型元素的完备性，室内空间中每一类模型的构成元素都有可能会在虚拟现实的动态体验过程时出现位置或角度上的调整与变化，例如，用户可以完成将茶几上的茶杯拿出，或者将书柜中的某本书籍取出等交互操作，这也意味着需要在核查过程中，将每一类模型的子元素，无论是看得见的还是看不见的面片都全部保留，切忌为了优化场景而大量删除模型中相互遮挡的各类隐藏面片，避免动态交互过程中因模型位置、角度产生变化而出现各类视觉缺损的现象；其次，在室内空间整体模型完备的基础上，应针对模型面片中存在的分段数量进行适当调整与优化，可以将模型的分段数通过多边形下的塌陷编辑进行面片合并，同时将模型中不需要拆分，且面片相互穿插的结构部位进行联立计算，使之呈现出较为整体的模型构建状态；最后，应在室内空间的外部以单面建模的形式创建球天

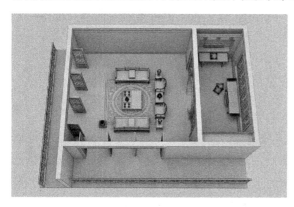

图 7-8　核查后的整体场景

或圆柱立面，确保其能够以 360°的环绕方式对整个场景进行遮罩，以此作为环境背景，便于用户在室内空间的体验过程中，透过室内空间的各个门窗真实地观察室外环境。通过以上方法，不仅能够使模型的整体结构完整、准确，而且也能够更好地满足后

续虚拟现实中各种交互体验效果（如图 7-8）。

（2）关于贴图

由于虚拟现实软件仅能默认建模软件中的基本贴图纹理，所以在模型核查的过程中要尽量确保室内空间中模型所赋予的各类贴图均为默认标准材质，同时也应当注重贴图纹理的完整性与精致性。结合本例空间，可以通过以下方法对贴图的纹理实施处理：首先，将长椅、圈椅、门窗、茶几、几案等木

质类模型附加成组，使其能够被整体赋予材质贴图；其次，将墙体、地毯、椅面、工艺品、灯罩、靠枕等模型，根据实际情况，单独赋予不同的材质贴图；再次，将赋予贴图的各类模型结合 UV(UVW Map)，针对表面纹理的大小、比例、方向、密度、角度、纹理间距等各方面进行坐标调整，使贴图在模型表面呈

现出无缝衔接的展开状态；最后，针对室内空间中纹理坐标精度较高的模型，通过利用 UV(Unwrap UVW)中的拆分工具对模型表面进行局部剖切，使其能够展为平整的网格，再通过结合 Photoshop 绘制的方式，对其几何纹理进行精确完善。通过以上

图7-9 贴图的纹理展开

方法，不仅可以有效确保室内空间中的各类模型表面不会出现纹理重叠或拉伸变形的现象，而且也能够使纹理的呈现质量更加清晰与真实(如图7-9)。

7.3.2 贴图烘焙

为了更好地提高模型的表面细节质量，可以在室内空间中将一些模型面片数量较多，且通过塌陷优化极易造成精度缺损的模型单独归类，并通过贴图烘焙的方式对其展开处理，使其模型面数在有所优化的同时，也不会对模型的表面细节造成影响。以室内空间中几案上与地面上的靠枕为例，通过以下方法实施：首先，在场景中分别建立好靠枕的高模与低模两类不同精度的模型，使低模稍微包裹住高模为宜；其次，创建默认天光，启动烘焙系统，并在系统中设置好光照贴图与法线贴图的保存路径；最后，通过低模拾取高模的方式，结合投影修改(Projection)下的复位线框，将线框的遮罩范围完全包裹住先前创建的高、低两类模型，同时执行烘焙渲染，以完成贴图烘焙的应用。通过这样的处理手段，高模的结构细节与表面肌理均会以光影投射的形式赋予低模的表面，以此使低模以较少的面片数呈现高模所具有的视觉效果。

7.3.3 综合设置

当室内空间的场景完全确立后,应将全部模型打包为整体组合,使整个组合的轴坐标居中,世界坐标归零,确保模型各部分名称与材质贴图命名均改为英文,同时将场景转换为 fbx 格式文件,导入虚拟现实软件中,针对室内空间的材质与灯光进行综合设置,并依据虚拟现实的光照渲染对设置后的效果实时观测,以便为后续交互方法的构建提供更加稳定的基础场景。

(1) 材质设置

在虚拟现实中,材质设置的细腻程度不仅会影响到模型的质感效果,而

图 7-10 各类材质效果

且也会对光照后的色彩扩散关系造成一定程度的影响。因此,在这个环节中,应着重针对材质的反射、折射等物理属性进行全面完善。相较于仿真渲染而言,虚拟现实材质属性的设置参数更加细致与具体(如图 7-10)。它主要通过材质系统中的金属度、不透明度、高光、粗糙度以及折射率等参数设置共同完成。结合本例空间的实际特点,可以归纳出除了门扇模型上的玻璃材质同时具备反射与折射的双重属性外,大多数的模型材质仅具备反射属性,可以通过以下方式对场景中的各类模型材质展开处理:首先,针对陶瓷类反射程度较强的材质,将金属度设置为 0.15(默认值为镜面反射状态),高光设置为 0.85(默认值为最佳高光强度),粗糙度设置为 0.05(默认值为最佳光滑度),同时将高光关联线性插值,再通过插值系统内部的 Alpha 通道联立菲涅耳衍射,将衍射值设置为 0.75(默认值为视点与反射面平行,反射度最佳);其次,针对木材等反射程度较弱的材质,将金属度设置为 0.05,高光设置为 0.4～0.5,粗糙度设置为 0.15～0.25;再次,针对织布、乳胶漆等反射程度极其微弱的材质,将高光设置为 0.05～0.15,粗糙度设置为 0.35～0.95;最后,针对同时具备反射与折

射双重属性的玻璃材质,将金属度设置为0.25,高光设置为0.9,粗糙度设置为0.05,不透明度设置为0.2(默认值为不透明),折射率设置为1.5(参照物理折射率表),并联立菲涅耳衍射,将衍射值设置为0.9,进而实现晶莹剔透的玻璃质感。经测试,场景中不同材质参数设置可见表7-1。

表7-1 不同类别的材质设置

类别	金属度	高光	粗糙度	菲涅耳衍射	不透明度	折射率
青花瓷	0.15	0.85	0.05	0.75	1.00	1.00
白瓷	0.15	0.85	0.05	0.75	1.00	1.00
釉木	0.05	0.50	0.15	1.00	1.00	1.00
地板	0.05	0.40	0.25	0.00	1.00	1.00
绢纱	0.00	0.05	0.75	0.00	1.00	1.00
织布	0.00	0.05	0.65	0.00	1.00	1.00
乳胶漆	0.00	0.05	0.35	0.00	1.00	1.00
地毯	0.00	0.05	0.85	0.00	1.00	1.00
紫砂	0.00	0.15	0.35	0.00	1.00	1.00
玻璃	0.25	0.90	0.05	0.90	0.20	1.50

(2)灯光设置

当材质设置完成后,应及时针对虚拟现实的光照系统进行思考与设置。结合本例空间,由于该空间中的家具模型大多为深色类材质,在灯光设置时如果处理不当,极易使场景出现光线昏暗或色彩扩散过于浓郁的现象,影响虚拟现实的呈现效果。为此,在灯光设置的过程中,应重点把握好各类光源的设置方位、角度、色温、光照强度、光照衰减等各类属性,这样在有效确保室内空间的间接光照充分、阴影投射关系正确的同时,也能够使室内空间的色彩层次关系更加丰富,表现出较为理想的视觉氛围。针对本例空间进行分析,可以归纳出空间中东、南、北三面墙体均具备采光功能,着重通过自然光照结合人工光照的方式对室内空间进行光照处理,主要通过以下过程进行完善:首先,从东南方向创建定向光源,将其由室外向室内方向进行照射,用于模拟阳光光源的照射效果,同时将光源的投射角度控制在 45°为宜,光源色温设置为浅橙色,光照强度设置为 50 cd,以此突出阳光的暖色色调;其次,在室外任意方向创建天光光源,用于模拟环境光的实际效果,将光源色温设置为浅蓝色,光照强度设置为 15 cd,同时将光照分辨率提高至 256 像素,使灯光细分加强,进而促进天光的漫射质量;再次,在室内空间中的每个有采光区域,从室外向室内创建矩形光源,作为天光的辅助光源,并将光源色温设置为

图 7-11　间接光照效果

浅蓝色,光照强度设置为 10 cd,光源衰减半径设置为 500 cm,以此使室内空间的光照充分且具备丰富的层次变化(如图 7-11);最后,在室内空间各类灯具的中心位置创建点光源,用于模拟人工光照的实际效果,将光源色温设置为暖黄色,光照强度设置为 20 cd,光源半径设置为 50 cm,光源的衰减半径设置为 135 cm,使人工光照后的模型阴影边缘具有柔和的过渡关系,进而实现真实、细腻的间接光照效果。经测试,场景中不同灯光参数设置可见表 7-2。

表 7-2　不同类别的灯光设置

类别	光照强度 (cd)	色温 (RGB)	光源半径 (cm)	衰减半径 (cm)	光照 分辨率
定向光源	50.0	0.9,0.7,0.5	无	无	128
天光光源	15.0	0.7,0.9,1.0	无	无	256
矩形光源	10.0	0.7,0.9,1.0	无	500.0	128
点光源	20.0	0.9,0.6,0.3	50.0	135.0	128

7.3.4　蓝图构建

蓝图构建在虚拟现实中主要应围绕室内空间的体验内容展开策划与实

施。由于本例中的室内空间为两厅衔接形式,空间可活动面积较大,且灯具
照明手段多种多样。为此,可以在灯光与漫游这两个交互方面,通过蓝图系
统对其进行描述,建立以用户为中心的可触发事件或漫游参观轨迹,提高用
户与室内空间的各种互动可能性,从而更好地展示空间的总体布局与各种精
致的配套设施。

(1) 灯光交互

灯光交互主要指能够让用户以自主的状态,在一定的距离范围内,通过
接触灯具的开关或某一特定部位的方式,实现灯具的开启或闭合功能,使场
景中的灯光随之产生不同的变化效果,以此为用户提供一种生动的体验感
受。以室内空间中的绢纱灯为例,通过以下过程对其展开交互应用:首先,在
绢纱灯灯座表面创建盒体
触发器,同时将遮罩器的
遮罩范围沿 x、y、z 三轴方
向分别进行适当调整,使
遮罩范围以包裹住整个灯
具模型为宜;其次,选择绢
纱灯中间的点光源与盒体
触发器,将其整体转换为
蓝图模式,同时针对盒体
触发器组件添加开始重叠
与结束重叠两组事件;再

图 7-12 绢纱灯的关闭

次,将两组事件分别联立
启用输入与禁止输入两组
事件,将用户控制事件下
的返回值与后两组事件下
的用户控制节点联立,使
用户在触碰灯具基座时能
够对灯光执行有效操作;
最后,将虚拟现实硬件设
备与计算机连接,创建

图 7-13 绢纱灯的开启

Steam 平台模式下的扳机键事件,同时联立切换可见度事件,并将灯光组件与切换可见度事件下的目标节点进行联立,以实现利用手柄按键去控制灯光的目的(如图 7-12、图 7-13)。通过以上方法,不仅能够实现绢纱灯交互过程中的系统逻辑正确,而且也能够确保室内空间的其他各类灯具都可以借助这一方法实现灯光交互的实际体验。

(2)漫游交互

除了针对灯光实施交互以外,还可以围绕室内空间的漫游交互功能进行相应的构建。相较于灯光交互而言,漫游交互的可活动范围较大,更应当注意可活动区域与各类障碍物之间的有效漫游轨迹。具体可以通过以下过程对其展开交互应用:首先,建立角色,在项目设置编辑中添加轴映射条目,同时在计算机与虚拟现实硬件设备连接的基础上,分别将手柄圆盘键设置为可移动输入事件,头显追踪器设置为视角输入事件;其次,在角色的蓝图模式下添加相机组件,将角色碰撞胶囊体的高度设置为 175 cm,半径距离设置为 20 cm,同时将移动组件中的移动属性设置为 120～150 为宜,使用户不仅能够以正常的人体身高视角对空间进行观察,同时也能够以平稳、匀速的方式进行漫游,确保用户与各类障碍物之间保持一定的防止碰撞距离;最后,对移动输入轴事件与移动输入事件进行联立,同时将角色

图 7-14　空间的漫游视角 I

图 7-15　空间的漫游视角 II

前进矢量值联立移动输入事件下的世界方向值,再分别联立视角输入轴事件、视角偏航与俯仰控制输入事件,将两者的方向值与压力值联立,从而确保用户在空间中能够完全按照自己的浏览意图与室内空间进行漫游交互(如图 7-14、图 7-15)。

7.3.5　物理碰撞的实现

　　虚拟现实的体验质量不仅依据交互的实施方法,而且在很大程度上也取决于物理碰撞的实现过程。在室内空间中围绕各类对象创建物理碰撞模式,能够使用户在漫游过程中获取真实的物理约束或各种力的反馈等体验感受,这其中包括了自身碰撞与盒体碰撞两种主要方式。对于自身碰撞而言,可以针对室内空间中的墙体、地面、门窗、长椅、书柜、古典格栅等体量较大的模型,将其属性类别认定为静态网格,并在其属性细节编辑中,拾取碰撞复杂性下的使用复杂的碰撞为简单模式,以此避免被碰撞后的各类模型产生位移、变形、重叠等现象。对于盒体碰撞,可以针对室内空间中的圈椅、茶几、工艺品、靠枕等体量较小的模型,在其放置模式下拾取阻挡体积,同时将遮罩范围分别沿各个坐标轴方向包裹住整个模型,以此使被碰撞后的各类模型能够产生一定的物理变化(如图 7-16、图 7-17)。

图 7-16　圈椅的碰撞变化Ⅰ

图 7-17　圈椅的碰撞变化Ⅱ

7.3.6　场景输出

当完成室内空间虚拟现实的各个关键应用环节后,应将室内空间的各类对象以场景打包的形式整体输出,以实现配合虚拟现实硬件设备进行交互体验。具体通过以下方式完成输出:首先,通过虚拟现实软件的预处理模式对整个场景进行预览,同时结合头显、手柄等硬件设备快速测试该关卡下的各类操作是否流畅、稳定;其次,在项目设置下将虚拟现实的体验类别设置为沉浸式体验模式,同时在蓝图系统中创建开始体验组件,将组件添加为可满足头显追踪事件,并勾选启动选项;再次,将可满足头显追踪事件联立执行控制台命令事件,并将执行控制台命令事件下的控制节点设置为全屏模式,以此实现导出文件能够以全屏方式在硬件设备中进行呈现;最后,在项目设置中建立输出路径,使该场景以 exe 格式文件整体打包输出。

8　　　　　　　　　总结与展望

8.1　对现有方法的总结

通过针对数字虚拟技术中的三维扫描技术、几何建模技术、仿真渲染技术、三维打印技术、虚拟现实技术等各类应用方法进行探讨,不仅可以为江苏古建筑保护的数字存档、修复改造、建筑展示等各个方面提供一个全新的技术应用平台,而且也能够有效促进古建筑保护事业从外在到内在、从单一到多元、从孤立到互动,以全新的视域模式深入发展。这不仅使数字虚拟技术能够在古建筑保护研究的各个应用领域充分地展示自身的技术优势,而且也能使其以与时俱进的方式,积极顺应时代发展对古建筑保护事业所提出各种必然要求。为此,本书从宏观的角度,以江苏境内一些具有典型特征的古建筑场景为例,针对数字虚拟技术在古建筑保护应用中的各种重要的原理、过程、步骤、方法、应对策略等展开层层梳理与思考,其主要研究内容及研究成果体现在以下各个方面。

8.1.1　数据采集方面

在古建筑的数据采样方面,书中所探讨的三维扫描技术的关键应用方法,为目前数字虚拟技术中较新颖的全景图像采集方法,能够通过古建筑数据采集与图像配准应用方法,为古建筑的造型样式、尺寸信息、纹理机制等各个方面提供各种真实建筑信息。其主要应用方法可以归纳如下:其一,在正常作业的基础上,能够获取较为精确的点云图像,且图像的整体亮度、对比度均能够符合摄影图像的正常曝光范围的要求;其二,图像配准的方法符合建筑的实际特征,同时应用较为简洁,能够在借助自然参考点与标靶参照点的基础上,仅通过 x、y、z 三轴的位移、旋转、重复率去除等若干处理手段即可实现建筑场景的整体呈现;其三,在快速成型过程中,能够通过场景的腐蚀、膨胀手段对场景中的各类噪点进行有效去除,确保建筑的独立性、完整性,同时可以通过表面截取、融合、松弛等方式构建模型的网格几何体,以便于快速测量古建筑的几何尺寸,并观察其几何纹理。

8.1.2 造型塑造方面

在古建筑的造型塑造方面,书中所探讨的几何建模技术的关键应用方法,能够为古建筑造型样式、结构细节的深入提供比数据采集过程中更加精致、光滑、真实的视觉表现效果,其主要应用方法可以归纳如下:其一,几何建模中提及的复合对象建模方法能够在获取点云数据为参考的基础上,快速针对模型的几何结构、造型样式进行关于面片、体块连接方面的局部构建与细节深入,同时能够获取各类数字虚拟技术通用的模型基础数据;其二,利用多边形建模方法、模型布线的原则与方法能够使古建筑模型的外部构造与内部构造协调构建,以实现建筑构成与建筑构件构成的各种钻研与推敲过程;其三,利用样条线建模方法能够创建古建筑各类细小构件,如撑拱、镂空雕、门扇等,可以结合其顶点编辑中的各类操作对构件的轮廓转折进行细微调整及处理,以实现其比例、样式的准确性;其四,针对模型面片、布线、顶点等各个环节进行全局优化处理,能够实现模型塑造的简约性,在确保模型造型准确的同时,也能够更好地解决应用过程中各类硬件与软件的消耗问题,使造型复杂的古建筑场景能够以更高效的方式在各类数字虚拟技术中进行综合运用。

8.1.3 质感表现方面

在古建筑的质感表现方面,书中所探讨的仿真渲染技术的关键应用方法,能够为古建筑在各类光照环境下的材质贴图的表现、材质属性的表现、材质与光线的互动关系等方面提供符合自然规律的视觉表现依据,能够促进人们在聚焦建筑外形的同时,也积极关注古建筑的材质运用,其主要应用方法可以归纳如下:其一,灯光模拟方法的介入,能够满足古建筑的各类光照要求、投影要求,给材质表现提供一种真实、理想的环境及氛围;其二,材质贴图、材质属性、UV 坐标调整及拆分绘制方法,能够使古建筑各个构件的表面纹理、高光、光滑度、反射、折射的质感效果表现得较为真实,同时也可以根据主观处理的方式,对质感表现进行人为改善,以实现符合特点的材质表现要求;其三,渲染引擎的搭配方式,以及引擎内部的光子首次发射、二级反弹中的各类渲染参数、细分参数的有效设置,能够将光照过程进行精确计算,能够改善材质表面、投射阴影表面的着色质量及最小采样的实际精度;其四,光子图的应用,能够使古建筑的渲染过程保存并读取小像素的光照信息图像,通过统计学中的密度估算法,完成较高像素的古建筑静帧渲染与动画渲染,从而间接确保以更加精细化、微观化的方式对材质表现进行的探索与应用。

8.1.4 实物成型方面

在古建筑的实物成型方面,书中所探讨的三维打印技术的关键应用方法,能够通过自下而上、逐层打印的方式,构建古建筑的实物模型,从而达到实物成型的客观要求,能够触发人们对古建筑的总体布局、构件分布、构件拼装过程的关注与思考。其主要应用方法可以归纳如下:其一,通过蒙皮应用过程中的段数合并、面片优化、布线梳理、表面光滑等处理手段能够提高打印实物的表面精度与曲面细分程度,使打印实物的主体结构呈现出坚固稳定、连接平滑的状态;其二,通过构件处理中顶点焊接、局部结构联立、尺度修正等应用手段能够确保各类细小、细微构件的打印成功率有所提高,同时使构件与蒙皮的连接、咬合方式更加合理;其三,通过利用几何拆分中的切片编辑,对模型实施必要的几何拆分,把握好几何拆分后的摆放方向、间距、角度以及成型面积,不仅能够使实物模型的材料强度得到保障,而且也能有效规避打印过程中所形成的外部支撑,有效减少打印耗材的用料成本;其四,合理地针对模型进行面片检查与打印设置,能够有效确保模型的面片精度、闭合状态、法线朝向,使其能够以流形的方式进行打印,同时也能够有效减少因模型处理不当而导致的各类打印错误,以此实现打印实物的整体质量提升。

8.1.5 沉浸交互方面

在古建筑的沉浸交互方面,书中所探讨的虚拟现实技术的关键应用方法,能够以整个场景为基准,对场景中的材质、灯光、蓝图逻辑、物理碰撞等各个仿真或交互环节全面地实施策划与设计过程,能够以沉浸、临场的代入方式,积极提高用户与古建筑场景各类对象之间互动的兴趣,以更全景的视角、更自主的方式去系统地展示古建筑中的各个建筑细节。其主要应用方法可以归纳如下:其一,利用贴图烘焙方法,尤其是以天光投射的烘焙方式,将古建筑中的高模的结构细节或表面纹理等全部赋予低模表面,进而使低模以较少的面片数量去实现高模的表面细节效果;其二,围绕材质系统与灯光系统,对古建筑的虚拟现实场景进行综合设置,对材质中的底色、固有色、金属度、高光、粗糙度、菲涅耳衍射、不透明度、折射率等各类参数进行设置,同时结合光照处理的实时计算手段进行环境测试,能够得到仿真程度较为理想的古建筑场景;其三,通过蓝图的构建,能够有效地确立古建筑的交互模式,利用各类灯光交互与漫游交互中的触发事件、节点、组件的逻辑联立方式,使用户能够自主地在古建筑场景中进行漫游与交互体验;其四,针对古建筑中的各类可移动或非移动对象,按照客观的物理现实情况,通过静态网格与放置模式下的不同组件、属性设置等完成物理碰撞模式的全面绑定,从而积极提高古建筑场景沉浸交互的物理仿真感受。

8.2 对未来发展的期望

总体而言,数字虚拟技术目前已经发展到一个全新的高度,但是从江苏古建筑保护的角度来看,由于古建筑的类型较为丰富,同时各地的构建方式存在一定程度的风格差异,缺少全面、详尽、统一的关于古建筑数字保护的指导观念与方法体系,所以数字虚拟技术在古建筑保护中的应用还不是十分的完善与普及,也没有根据江苏各地的实际情况,形成较为系统、相对完整的古建筑数字档案库或数字场景库等。针对这一现实情况,本书以各类数字虚拟技术在古建筑保护中的应用方法为例,探讨了不同方法之间的必然联系及实施过程,倡导建立一套符合古建筑保护长足发展目标的数字虚拟技术应用方法论,以期待人们能够更好地认识并重视数字虚拟技术在古建筑保护中的作用与影响。相信随着科学技术的不断进步,以及人们对古建筑保护的重视程度日益提升,古建筑中的数字虚拟技术的应用模式会朝网络化、实时化、全息化、智能化的方向快速发展。

8.2.1 网络化模式

网络化模式也许在众人眼里并不是什么新鲜事物,但是,随着网络发展的不断更新与成长,它不仅能够使数字虚拟技术在古建筑保护的实施过程中变得更加高效,而且也非常利于人们在共享、开放的虚拟环境中以一种协同配合的方式,共同参与到数字虚拟技术的应用过程或体验过程中,能够更好地促进数字虚拟技术在古建筑保护中开展不同角度的探索与研究。这主要可以表现在以下几个方面:其一,能够更好地加速数字虚拟技术在应用过程中,形成统一的、跨平台的、跨地域的建筑档案库及场景库,能够将江苏各地的古建筑保护中的数字资源整体集中并加以提炼;其二,能够极大程度地缩短不同类型的数字虚拟技术在古建筑保护中的实施周期,比如通过网络分布计算等手段优化并提高建模、渲染、打印以及仿真过程中的各种应用过程与应用效率;其三,利于人们更好地围绕古建筑场景展开沟通、讨论及合作,可以通过统一的仿真、交互平台,将不同地域的人们带入同一个古建筑虚拟场景中进行协作或协同化探讨;其四,能够更好地针对各类数字虚拟技术的硬件设备进行集中管理,以有效避免硬件设备的重复消耗。

8.2.2 实时化模式

实时化模式主要指数字虚拟技术能够依据古建筑场景的某些设定,自动生成关于模型、材质、灯光、动态仿真方面的实时转换与变化,而不是通过人为的参数修改、更新、创建,以及对后续环节实施一定的应用方法去获取图像结果。从本质上看,数字虚拟技术如果朝实时化模式的方向发展,一方面需要结合硬件水平的发展与更新,另外一方面也需要基于软件开发水平的提高,需要在不降低图像质量与复杂程度的前提下,对显示技术中的刷新频率与自动生成程序进行有针对性的改良。这样能够使数字虚拟技术在古建筑保护的各个应用环节中具备以下几方面的实际特点:其一,实时处理技术的进步,能够使古建筑的场景处理方式更加直观与细致,同时能够使古建筑图像以批量化形式进行实时呈现,且视觉表现效果比传统技术应用方式更加精致;其二,能够更加有利于人们在不同的环境与照明氛围的烘托下,针对古建筑的外形样式、结构关系、几何纹理、质感表现等各个方面的综合因素,展开更多符合客观约束条件下的研究与探讨;其三,能够有效丰富数字虚拟技术的应用过程,使人们与古建筑场景的互动方式、互动行为以及互动程度等方面发生改变,能够确保数字虚拟的沉浸方式、交互过程更加真实、易用、稳定及便捷,从而有效降低虚拟现实的制作与体验过程中的各种技术应用门槛。

8.2.3 全息化模式

全息化模式主要指数字虚拟技术无须借助任何数码成像设备便可以完成立体的成像显示,同时以身临其境的方式将人们快速带入视觉效果极为真实的数字场景中。近年来,一些发达国家,如美国、日本等国已经陆续对全息技术展开了相应的测试与实验。目前,他们已初步取得了一定的科研成效,可以通过投影设备将一些不同角度的影像集中投射到一种透明的全息膜上,进而形成一种全方位的立体成像,在现实环境中真实地展示在人们面前。对于古建筑保护而言,如果其能够在该模式发展方向上取得长足的发展与持续的进步,势必会对古建筑保护的数字展示、传播方式等若干层面产生巨大的变革与影响。这主要可以表现在以下几个方面:其一,能够在不借助数码成像设备的基础上,将古建筑的数字展示方式转化为一种更符合人们观察习惯的图像展示方式,能够确保人们以现实环境中的视觉行为去观摩古建筑场景中的各个细节以及获取建筑的各类信息;其二,能够有效替代一部分现实环境中的古建筑实体,特别是对于一些人流量较大的古建筑场所,能够极大限度地避免人们因旅游参观或实地调研给古建筑带来的各种物理伤害,也可以使古建筑的维护成本有所下降;其三,能够将古建筑现实与虚拟的边界变得模糊,使现实与虚拟环境下的各类古建筑场景能够以更好的方式进行融合,同时也能够极大地提高人们对古建筑保护与相关研究工作的关注力度,利于古建筑保护事业在更加多元化的信息传播渠道中稳步发展。

8.2.4 智能化模式

智能化模式主要指数字虚拟技术的人机对话方式、交互方式能够朝更加个性、敏锐、详尽、智慧的方向不断发展,确保人们在与古建筑场景互动的过程中,能够以较为生动、有趣、自主的方式了解关于古建筑的各类信息。从理论上讲,数字虚拟技术朝智能化模式的方向发展,需要开发、结合大量的专家系统与专家数据库作为功能实现的前期基础,以满足人们不同行为模式下的交互体验感受。这主要可以表现为以下几个方面:其一,智能化模式如果能够在古建筑场景中得到运用,可以使数字虚拟技术在交互时,以更为详细的方式去描述各种关于古建筑尺度、结构、构成方面的信息,从而较为理想地加深人们与古建筑空间的互动关系;其二,能够使古建筑场景中的各种动态体验过程表现得更加淋漓尽致,同时也能够较好地围绕视觉、听觉、触觉、嗅觉等各个核心因素,为人们在古建筑场景中观摩与漫游提供非常符合心理需要与生理需要的体验环境;其三,能够更好地将人们的各种行为习惯与古建筑场景的各类展示过程建立必要、紧密的联系,也能够以更为客观理智的方式去分析人们在古建筑场景中的情感变化,并根据人们不同的实际情绪,积极地做出各种合适的反馈或回应;其四,能够使古建筑场景的制作环节与体验环节以微妙的方式相互融合,使身处古建筑场景中的人们能够根据实际需要,及时地对古建筑中的各类信息进行修改与调整,从而获得现实世界中古建筑无法给予或无法实现的场景变化等,能够更好地促进人们在古建筑场景中,以一种完全自主、不受系统约束的学习方式开展各类研究工作。

参 考 文 献

[1] 王晓华.中国古建筑构造技术[M].2版.北京：化学工业出版社，2019.

[2] 薛玉宝.中国古建筑概论[M].北京：中国建筑工业出版社，2015.

[3] 柳肃.古建筑设计理论与方法[M].北京：中国建筑工业出版社，2011.

[4] 马炳坚.中国古建筑木作营造技术[M].2版.北京：科学出版社，2003.

[5] 雍振华.江苏古建筑[M].北京：中国建筑工业出版社，2015.

[6] 刘大可,中国民族建筑研究会.中国古建筑营造技术导则[M].北京：中国建筑工业出版社，2016.

[7] 过汉泉.江南古建筑木作工艺[M].北京：中国建筑工业出版社，2015.

[8] 何水明.古建古风：中国古典建筑与标志[M].北京：现代出版社，2015.

[9] 楼庆西.中国古建筑砖石艺术[M].北京：中国建筑工业出版社，2005.

[10] 张驭寰.古建筑的重生[M].武汉：华中科技大学出版社，2011.

[11] 张驭寰.古建筑名家谈[M].北京：中国建筑工业出版社，2011.

[12] 路化林.古建筑油饰技术与施工[M].北京：中国建筑工业出版社，2012.

[13] 宫灵娟.苏州古典园林：中国传统思想和文化的载体[M].南京：江苏科学技术出版社，2014.

[14] 张慈赟,陈洁.中国古建筑及其故事[M].上海：上海译文出版社，2017.

[15] 王军.梁思成"中国建筑型范论"探义[J].建筑学报，2018(9)：84-90.

[16] 赵炳时,林爱梅.寻踪中国古建筑:沿着梁思成、林徽因先生的足迹[M].北京:清华大学出版社,2013.

[17] 梁变凤.中国古建筑伦理观探析[J].科学技术哲学研究,2013,30(1):97-100.

[18] 范松华.中国古建筑中大门门扉的装饰特点及装饰内涵[J].艺术评论,2012(9):118-123.

[19] 周坤,颜珂,王进.场所精神重解:兼论建筑遗产的保护与再利用[J].四川师范大学学报(社会科学版),2015,42(3):67-72.

[20] 潘祖平.中国古建筑的生态属性探讨[J].同济大学学报(社会科学版),2013,24(1):42-47.

[21] 尚涛,侯文广,宋靖华,等.古代建筑保护数字化技术[M].武汉:湖北科学技术出版社,2009.

[22] 汪浩文.虚拟环境设计:从建模到动画案例详解[M].南京:东南大学出版社,2014.

[23] 齐学君,贾京楠.北京官式彩画遗存数字化保护与传承之意义[J].美术研究,2015(6):119-121.

[24] 陈君子,周勇,刘大均.中国古建筑遗产时空分布特征及成因分析[J].干旱区资源与环境,2018,32(2):194-200.

[25] 徐齐帆,何雪钰.历史背景下的古建筑修缮与创新:评《历史建筑保护及其技术》[J].中国教育学刊,2018(2):120.

[26] 马志玲.古代建筑保护工作中的档案收集与利用工作的问题与对策[J].档案学研究,2009(5):42-43.

[27] 徐桐.基于数字技术的古建筑信息公众传播研究:兼论"建筑图像比对识别技术"在其中的应用前景[J].建筑学报,2014(8):36-40.

[28] 尚涛,孔黎明.古代建筑保护方法的数字化研究[J].武汉大学学报(工学版),2006,39(1):72-75.

[29] 朱世学.鄂西南土家族地区文物古建筑的遗存现状与保护措施探析[J].湖北民族学院学报(哲学社会科学版),2012,30(1):6-10.

[30] 刘平,张道明,王丹丹.分析数字化技术在乡村古建筑保护中的应用研

究[J].民营科技,2018(2):145-146.

[31] 任宝锴.基于数字交互技术的凤羽镇古建筑数字展示设计[J].戏剧之家,2019(23):141-142.

[32] 董慧.三维虚拟技术在中国古建筑维护中的应用现状及发展路径探索[J].中国民族博览,2017(11):211-212.

[33] 周红.数字技术在古建筑园林设计中的运用[J].艺术•生活,2006(3):66-67.

[34] 江东凯,周占学.BIM技术在古建筑保护中的应用现状[J].河北建筑工程学院学报,2016,34(1):31-35.

[35] 宁冉.多维技术在古建筑群改造中的应用[J].中国建设信息,2014(22):42-45.

[36] 万仁威,陈林璞,韩阳,等.三维扫描技术在已有建筑测量及逆向建模中的应用[J].施工技术,2018,47(S1):1085-1086.

[37] 崔磊,张凤录,陆洪波,等.地面三维激光扫描系统精度评估与古建测量技术研究[J].测绘通报,2016(S2):190-192.

[38] 杜国光,周明全,樊亚春,等.基于样例的古建模型快速重建[J].系统仿真学报,2014,26(9):1961-1968.

[39] 周克勤,许志刚,宇文仲.三维激光影像扫描技术在古建测绘与保护中的应用[J].工程勘察,2004,32(5):43-46.

[40] 白文斌,崔磊,张凤录.三维激光扫描技术在古建测量领域应用研究[J].北京测绘,2013(4):41-43.

[41] 丁宁,王倩,陈明九.基于三维激光扫描技术的古建保护分析与展望[J].山东建筑大学学报,2010,25(3):274-276.

[42] 周辉,程广坦,朱勇,等.基于三维扫描和三维雕刻技术的岩石结构面原状重构方法及其力学特性[J].岩土力学,2018,39(2):417-425.

[43] 陈艳雷,惠延波,冯兰芳.三维扫描技术在3ds Max建模中的应用探究[J].制造业自动化,2017,39(5):136-138.

[44] 李莹.激光三维扫描点云数据采集与结构存储优化模型[J].激光杂志,2017,38(5):72-75.

[45] 欧阳宏.故宫古建筑三维数字化建模方法研究[J].北京联合大学学报（自然科学版）,2015,29(3)：10-14.

[46] 余明,丁辰,过静王君.激光三维扫描技术用于古建筑测绘的研究[J].测绘科学,2004,29(5)：69-70.

[47] 索俊锋,刘勇,蒋志勇,等.基于三维激光扫描点云数据的古建筑建模[J].测绘科学,2017,42(3)：179-185.

[48] 车尔卓,詹庆明,金志诚,等.基于激光点云的建筑平立剖面图半自动绘制[J].激光与红外,2015,45(1)：12-16.

[49] 王麟.三维激光扫描测绘技术在宁波不可移动文物保护利用中的探索与实践[J].自然与文化遗产研究,2019,4(8)：56-60.

[50] 胡庆武,王少华,刘建明,等.多测量手段集成古建筑物精细测绘方法：以武当山两仪殿为例[J].文物保护与考古科学,2013,25(2)：39-44.

[51] 张德海.三维数字化建模与逆向工程[M].北京：北京大学出版社,2016.

[52] 王占刚,朱希安.空间数据三维建模与可视化[M].北京：知识产权出版社,2015.

[53] 徐国艳.三维建模技术[M].大连：大连理工大学出版社,2016.

[54] 徐旭东.三维建模方法解析[M].北京：电子工业出版社,2017.

[55] 宁振伟,朱庆,夏玉平.数字城市三维建模技术与实践[M].北京：测绘出版社,2013.

[56] 姜绍飞,吴铭昊,唐伟杰,等.古建筑木结构多尺度建模方法及抗震性能分析[J].建筑结构学报,2016,37(10)：44-53.

[57] 王丹婷,蒋友燏.古建筑三维虚拟建模与虚实交互软件实现[J].计算机应用,2017,37(S2)：186-189.

[58] 陈庆军,王永琦,汪洋,等.基于 Revit 及 Revit API 的应县木塔建模研究[J].西安建筑科技大学学报（自然科学版）,2017,49(3)：369-374.

[59] 汪浩文,张捷.基于虚拟现实的古建筑建模关键技术研究[J].重庆理工大学学报（自然科学）,2018,32(9)：144-148.

[60] 陈卓.从"折叠"到参数化建筑设计：空间折叠在建筑设计中的数字模

拟建模技术[J].华中建筑,2019,37(9):51-54.

[61] 李定林,罗茜,孙廷昌,等.基于三角网格模型的剖切轮廓自动补面方法[J].装备维修技术,2019(3):203-204.

[62] 孔研自,朱枫,郝颖明,等.主动目标几何建模研究方法综述[J].中国图象图形学报,2019,24(7):1017-1027.

[63] 余芳强,陈菁,谷志旺.基于多源数据的既有古建筑数字化建模技术[J].建筑施工,2018,40(3):315-317.

[64] 姜绍飞,吴铭昊,唐伟杰,等.古建筑木结构多尺度建模方法及抗震性能分析[J].建筑结构学报,2016,37(10):44-53.

[65] 郭彦宏,郑杰良.三维视景建模在地铁运行仿真中的应用[J].城市轨道交通研究,2019,22(3):146-149.

[66] 郝明,张建龙,谭富文,等.含油气盆地的三维地质建模及可视化系统设计研究[J].地理空间信息,2019,17(8):5-10.

[67] 缪永伟,汪逊,陈佳舟,等.基于单幅图像成像一致性的组合式建筑交互建模[J].计算机辅助设计与图形学学报,2018,30(11):2001-2010.

[68] 阮祎萌,沈彬.精细化建模在建筑结构设计中的应用与研究[J].建筑技术开发,2019,46(5):15-16.

[69] 张季一,尹鹏程,李钢,等.基于共形几何代数的三维地籍空间数据建模探讨[J].地理与地理信息科学,2018,34(4):7-12.

[70] 王文敏,王晓东.基于ContextCapture Center平台的城市级实景三维建模技术研究[J].测绘通报,2019(S1):126-128.

[71] 黄明,张建广,付昕乐,等.基于图像处理单元的古建筑构件快速绘制[J].测绘科学,2016,41(5):111-115.

[72] 汪浩文,张捷.全局光照下古建筑场景的仿真渲染研究[J].重庆理工大学学报(自然科学),2018,32(11):140-146.

[73] 温佩芝,周迎,沈嘉炜,等.多层非均匀材质模型真实感实时渲染方法[J].计算机工程与设计,2018,39(11):3506-3510.

[74] 马丹,阳凡林,崔晓东,等.基于OpenGL的海底地形三维渲染方法

[J].山东科技大学学报(自然科学版),2018,37(2):99-106.

[75] 李韧,李妮,龚光红.基于 Ogre 的三维仿真场景渲染关键技术研究[J].系统仿真学报,2017,29(S1):161-166.

[76] 杜志强,李德仁,朱宜萱,等.基于 3DGIS 的木构建筑群三维重建与可视化[J].系统仿真学报,2006,18(7):1884-1889.

[77] 周圣川,马纯永,陈戈.城市三维场景的逆过程式建模与混合渲染方法[J].计算机辅助设计与图形学学报,2015,27(1):88-97.

[78] 刘志宏,张雨婷.渲染特效插件在设计中的表现技法[J].包装工程,2010,31(1):61-64.

[79] 姜太平,谢圣学,张学锋.三维建筑模型中的钢筋动态模型生成与渲染[J].计算机工程与设计,2014,35(7):2482-2486.

[80] 周杨,胡校飞,靳彩娇,等.图形图像融合的海量建筑绘制[J].中国图象图形学报,2018,23(7):1072-1080.

[81] 陈驰,章天成,袁佳利,等.基于 Lumion3D 的传统建筑景观空间三维可视化表现:以石鼓书院为例[J].城市建筑,2017(14):73-75.

[82] 梁永文,陈天生.大型场景建筑动画制作的探索与实践[J].兰州石化职业技术学院学报,2011,11(3):29-31.

[83] 刘海洋,胡晓峰,雷旭.基于图形集群的远程实时渲染系统研究[J].系统仿真学报,2019,31(5):886-892.

[84] 汪浩文,张捷,李伟.优化建模对室内空间仿真渲染的优势研究[J].计算机与数字工程,2018,46(12):2560-2564.

[85] 王芳,秦磊华.基于 BRDF 和 GPU 并行计算的全局光照实时渲染[J].图学学报,2016,37(5):583-591.

[86] 覃海宁.基于 GPU 纹理查找的彩虹实时渲染技术[J].广西民族大学学报(自然科学版),2016,22(2):77-80.

[87] 刘镇,刘晓,梅向东.面向移动终端的分布并行化渲染[J].中国图象图形学报,2015,20(9):1247-1252.

[88] 郭雪峰,孙红胜,岳春生.一种视点相关的地形三维实时渲染算法[J].信息工程大学学报,2014,15(4):509-512.

[89] 王继东,庞明勇.基于深度剥离的三维打印模型朝向优化算法[J].计

算机辅助设计与图形学学报,2018,30(9):1741-1747.

[90] 骆云龙,马志勇,张家彬,等.基于琼脂-明胶颗粒的海藻酸钠三维打印工艺研究[J].机械制造,2019,57(8):71-75.

[91] 杨建明,王永宽,顾海,等.3DP法三维打印金属多孔结构基本打印单元的研究[J].制造技术与机床,2019(8):13-17.

[92] 黄兵,莫建华,刘海涛,等.一种用于三维打印光敏支撑材料的性能[J].高分子材料科学与工程,2010,26(6):104-106.

[93] 杨来侠,池雄飞,张宁芳.三维打印快速成型技术的色彩渐变插值方法[J].西安科技大学学报,2009,29(2):214-218.

[94] 符柳,李淑娟,胡超.基于RSM的三维打印参数对材料收缩率的影响[J].机械科学与技术,2013,32(12):1835-1840.

[95] 张明.数字技术创新与设计工具迭代[J].装饰,2017(12):56-61.

[96] 于雷.三维打印技术在建筑设计中的互为反馈作用[J].住区,2013(6):65-70.

[97] 胡宽,姚迪,黄丽媛,等.自由曲面空间网格建筑形态获取与模型实现[J].江苏建筑,2015(1):24-27.

[98] 黄蔚欣,王津红,梁爽.数字建筑设计与结构形态探索[J].西部人居环境学刊,2014,29(6):27-31.

[99] 宋佳玮,杨蕾.基于三维打印技术应用下的产品绿色设计[J].兰州交通大学学报,2013,32(5):116-119.

[100] 吴静雯,杨继全,程继红,等.多材料三维打印技术发展与应用[J].机械设计与制造工程,2015,44(12):1-4.

[101] 景仲龙.浅谈三维打印技术在当代艺术设计领域的应用[J].中国包装,2014,34(8):38-40.

[102] 董穆,屈晨光,张师军,等.PP在熔融沉积成型工艺中的应用[J].合成树脂及塑料,2019,36(3):23-30.

[103] 朱小刚,刘正武,乔凤斌,等.基于同步改性浸渍的碳纤维增强树脂复合材料三维打印工艺研究[J].南京师范大学学报(工程技术版),2019,19(1):45-50.

[104] 孟令尹,戴宁,张敏,等.基于拓扑优化的三维打印轻量化单元建模

[J].机械设计与制造工程,2019,48(3):15-19.

[105] 郑小军,俞高红.熔融沉积成型三维打印参数最优组合的试验验证[J].机械制造,2019,57(2):82-85.

[106] 钟华颖.云夕雪亭:三维打印乡村实践[J].建筑技艺,2018(8):60-65.

[107] 聂有兵.虚拟现实:最后的传播[M].北京:中国发展出版社,2017.

[108] 董雪婷,张莹,毛润坤,等.基于虚拟现实模型的混响实时生成方案设计[J].复旦学报(自然科学版),2019,58(3):358-362.

[109] 化希耀,苏博妮.古典园林的虚拟仿真建模和动态效果研究[J].西南师范大学学报(自然科学版),2017,42(2):153-158.

[110] 陈淑琴,章鸿,潘阳阳,等.基于主体建模的住宅建筑空调随机使用行为模拟方法研究[J].建筑科学,2017,33(10):37-44.

[111] 周宁,王家廞,赵雁南,等.基于虚拟现实的中国古建筑虚拟重建[J].计算机工程与应用,2006,42(18):200-203.

[112] 铁钟.居住性历史街区数字化采集与交互展示设计研究:以石库门建筑文化遗产保护为例[J].装饰,2015(10):134-135.

[113] 张凤军,戴国忠,彭晓兰.虚拟现实的人机交互综述[J].中国科学:信息科学,2016,46(12):1711-1736.

[114] 丁颖,刘延伟,刘金霞,等.虚拟现实全景图像显著性检测研究进展综述[J].电子学报,2019,47(7):1575-1583.

[115] 霍阅尧,李红丽,刘喆.基于虚拟现实技术的古建筑博物馆应用研究[J].四川建材,2019,45(6):53-54.

[116] 张军,刘俊,彭自强,等.虚拟现实技术下地下管网可视化三维模型的构建与算法分析[J].自动化与仪器仪表,2019(8):138-141.

[117] 沈笑云,李双星,焦卫东.基于ActiveX的数字建筑漫游仿真平台设计与开发[J].系统仿真学报,2014,26(1):67-71.

[118] 吴扬.三维虚拟技术在中国古建筑维护中的应用现状及发展路径[J].山西档案,2016(6):180-182.

[119] 何成战.计算机虚拟现实技术在古建筑数字化复原中的应用[J].广西民族大学学报(自然科学版),2013,19(2):63-66.

［120］ 张杰,陈恒鑫,王家辉. 虚拟现实技术在中国古建筑教育的应用——斗拱文化体验式教学软件的设计与实现［J］.高等建筑教育,2019,28(4)：139-146.

［121］ 姬莉霞,刘成明.基于虚拟现实技术的模糊静态图像目标重现方法［J］.计算机科学,2018,45(7)：248-251.

［122］ 刘慧,张楠.基于虚拟现实技术的城市建筑叙事空间营造研究［J］.湖南理工学院学报(自然科学版),2019,32(2)：67-72.